酒香千年

釀酒遺址與傳統名酒

董 勝 編著

崧燁文化

目錄

酒香千年：釀酒遺址與傳統名酒

目錄

清香鼻祖 杏花村酒

第一酒坊 水井坊酒

美酒流芳 傳統名酒

美酒之源 杜康造酒

　　杜康造酒遺址在河南汝陽城北二十五公里蔡店鄉杜康仙莊，這裡是中國秫酒的發源地，中國酒文化的搖籃，酒祖杜康在此創造了秫酒，開創了釀酒之先河。

　　杜康酒具有豐厚的歷史文化底蘊，自夏代杜康始創以來，已有四千多年的歷史。早在三國時代，魏武帝曹操《短歌行》中就有「何以解憂，唯有杜康」之句，更是把杜康酒文化推到了極致。在後世，人們將「杜康」用作美酒的代稱，包含了豐富的文化韻味。

▋杜康感夢而巧手造佳釀

■杜康塑像

　　早在中國的夏代，有位專門負責禹王宮廷膳食的庖正，也是禹王手下一名管理糧食的大臣，他的名字叫杜康。

　　有一天夜裡，杜康夢見一白胡老者，告訴他將賜其一眼泉水，他需在九日內到對面山中找到三滴不同的人血，滴入其中，即可得到世間最美的飲料。

　　杜康第二天起床，發現門前果然有一泉眼，泉水清澈透明。遂出門入山尋找三滴血。

　　杜康出門尋人的第三日，遇見一位文人，便出口成章，吟詩作對，然後請其割指，滴下一滴血。第六日，遇到一武士，杜康說明來意後，武士二話不說，果斷出刀割指，滴下一滴血。第九日，杜康見樹下睡一呆傻之人，滿嘴嘔吐，臟

不可耐，無奈期限已到，杜康慷慨解囊，然後又用一兩銀買下其一滴血。

杜康得到三滴血後，迅速回轉，將其滴入泉中。但見泉水立刻翻滾起來，熱氣蒸騰，香氣撲鼻，品之如仙如痴。因為用了九天時間又用了三滴血，杜康就將這種飲料命名為「酒」。

三滴血先後來源於秀才、武士、傻子，所以人們在喝酒時一般也按這三個程序進行：第一階段，舉杯互道賀詞，互相規勸，好似秀才吟詩作對般文氣十足；第二階段，酒過三巡，情到勝處，話不多說，一飲而盡，好似武士般慷慨豪爽；第三階段，酒醉人瘋，或伏地而吐，或抱盆狂嘔，或隨處而臥，似呆傻之人不省人事、不知羞恥。

為了造出好酒，杜康又決定尋找天下最純、最好的泉水。他打點行裝，離開家鄉，踏上尋泉之路。也不知走了多少路程，杜康也沒有找到滿意的泉水。

這一日，杜康出龍門，沿著彎彎曲曲的伊水向南走去，只見一條小河百回千折，越往上走，河道越窄，河水越清。他翻山越嶺，終於找到小河的源頭。

杜康心中大喜，一時間渾身充滿力量，他飛奔下山坡，來到小溪邊一看。只見百泉噴湧，清洌碧透，真是難得的好泉，不僅開口吟道：「千里溪山最佳處，一年寒暖酒泉香！」

杜康彎下身來，捧起泉水喝入口中，頓感清涼甘甜，浸肺入腑，餘有酒香。他真是喜出望外，於是就在這裡搭棚架屋，釀造美酒。

酒香千年：釀酒遺址與傳統名酒

美酒之源 杜康造酒

杜康篩選精糧，擔來泉水，調配奇方，結果釀成的酒不僅香噴噴、甜滋滋，味美可口，而且還有一定的醫療功效。

據史籍記載，西元前七七零年，周平王因半壁江山被西戎蠻主侵占，不思飲食，臥床不起，於是便急招天下名醫診治。

杜康的後人獻上了美酒，周平王飲用後振神增食，龍心大悅，遂封杜康酒為「貢酒」，杜康村為「杜康仙莊」。從此，杜康酒便名揚天下。人們將杜康列為酒神、酒祖，立廟享祀，逐漸形成了光輝燦爛的杜康文化。

在中國古代諸神中，敬祀有茶神和酒神。後人們尊茶神敬陸羽，酒神則敬杜康。

相傳，杜康廟始建於東漢年間，是由漢光武皇帝劉秀賜建的。在河南地方志《伊陽志》中記有「杜康造酒處」。同頁記載的還有「光武井」，釋文為「光武井，在城北二十六里樓子莊西，相傳光武夜宿飲水處，故名宿王莊。」伊陽就是現在的汝陽的舊稱。

另據據《大元大一統志》記載：「杜康廟，伊闕舊縣東南三十里處。」《大元大一統志》是元代官修的中國古代最大的一部輿地書，其「伊闕舊縣東南三十里處」，正是汝陽杜康村的杜康造酒遺址。該遺址地處豫西伏牛山區、北汝河上游，史稱「酒祖之鄉」。

杜康廟自建立起來，便成了杜康村造酒人的精神支柱。兩千多年來，唐、宋、明、清都曾予以修復或重建。在當地

民眾和各地酒坊、酒師的修繕保護下，日益氣勢恢宏，華彩璀璨。

杜康村曾發現漢末建安時期的酒灶遺蹟，其中的出土文物有漢代盛酒的陶壺、陶罐八十多件。另外還出土了古錢五千多枚，包括秦代的鏟幣，漢代的五銖錢、大布黃千、大泉五十、貨泉及唐宋古幣等，被視為難得珍品。這進一步說明，汝陽縣杜康村就是當年杜康造酒的地方。杜康仙莊因此聞名遐邇，享譽天下。

閱讀連結

自古以來，不僅酒坊和酒肆奉杜康為「酒神」，就連皇城內掌管酒醴饍膳之事的機構光祿寺也敬奉杜康。

據元人馮夢祥《析津志·祠廟儀祭》記載，在元大都北城光祿寺內建有杜康廟。元代的光祿寺掌尚飲局和尚醞局，尚飲局掌醞造上用細酒，尚醞局掌醞造諸王百官酒醴。元代禮部曾經撥道士一人在杜康廟看經，同時每日從光祿寺府庫支酒一瓶，以供杜康。

▌美名遠揚的杜康仙莊

■釀酒業祖師杜康剪紙畫

　　杜康仙莊的入口處，有一個被稱為園中之園的「香醇園」，建於杜康河東岸的龍山之巔。它是由三幢歇山式建築構成的琉璃瓦屋面門樓，組合為杜康仙莊山門。

　　這個香醇園頗有來歷。相傳，杜康由於善造美酒而聞名於世，曾博得歷代皇帝賜賞，後來有個朝廷大臣，想利用杜康造酒祕方釀造美酒，以取寵於即將登基的太子。

　　這件事被杜康的後世弟子茅柴獲悉，於是他立即將祕方與一罈老酒藏匿於龍山之巔，終於避免了被佞臣所占用。後來，人們為感謝茅柴冒險保護造酒祕方，就建造了香醇園來紀念他。

　　杜康仙莊山門明樓上鑲有現代書畫大師李苦禪所書「杜康仙莊」青石匾額。在山門兩側，各豎有約三米高的青石雕刻，其底座為個六個壁面，其中兩面表現的是淙淙流淌的杜

康河水，清且漣漪，其餘四面為神獸馱樽，形態各異，象徵古老的名釀杜康酒是來自於奇特的佳泉杜康泉。

在青石雕刻的座上，平臥著一個龐然大物，乃是龍頭龜。酒龜背上馱著一個神獸，虎目獅口，龍爪象身，這是杜康當年的護坊門神。

相傳，自從杜康開始在這裡造酒，杜康河裡就來了一隻金龜，這金龜只飲泉中水，不沾異地食。杜康河上游有一眼甘泉叫「酒泉」，傳說泉水是玉皇大帝天酒壺的酒漿，有仙酒之氣，那金龜喝得多了，體態豐盈，心機靈通，能騰雲駕霧，會呼風喚雨。

有一年夏天，天降大雨，山洪暴發，河水猛漲，眼看大水就要沖毀山莊，殃及杜康釀酒作坊。只見這只金龜在杜康河裡翻上翻下，滾滾巨浪到這裡便轉了頭，村子、作坊安然無恙。人們都說，這只龍頭金龜是玉皇大帝派來保護杜康造酒的神龜。

從此，杜康便將這只龍頭金龜當作神靈供奉起來，世代人們都把金龜稱為酒龜，認為它是「酒祖」杜康的保護神。

進入杜康仙莊的山門，透過「香醇堂」來到「祭酒罈」，可見一座精巧的照壁，壁下兩頭則是兩員力士，彎腰弓背，鼎力支壁。傳說，這兩員力士是捍衛杜康造酒祕方的弟子。

登上壇邊的「通玄閣」，有一個倒醉於毛驢背上的老翁塑像，是道教正一派第十一代張天師張通玄。

張通玄字仲達，天性靜默，長期獨坐一室，修煉長壽之法，周圍的人都稱他為奇人。傳說，唐代武則天召見張通玄

酒香千年：釀酒遺址與傳統名酒

美酒之源 杜康造酒

時，他已數千歲，唐玄宗李隆基召見他時，他自述曾在堯時當過侍中的官。唐代天寶年間，張通玄曾經一氣喝了三大碗杜康酒，然後化作青煙，升天而去。

在杜康仙莊有一座石亭。石亭是用草白玉雕刻，高達五米，造型別緻。繞過石亭，踏過三十三米的獨拱，有一座有十八個龍口噴珠吐玉的「桑澗橋」。在旁邊一片花木籠罩的草坪中間，有一怪石，樣子很像一張古代的臥床，人稱「醉仙石」。

傳說，張果老成仙之前在此飲過杜康酒，從此便對杜康酒始終不能忘懷。後來由張果老請求玉皇大帝派「八仙」下凡，來招杜康為天宮釀酒御師。

「八仙」來到杜康村，仗著自己的海量，指名要最好的杜康酒喝。杜康見他們都是海量，怕把已經釀好的杜康酒全部喝完了，於是便把能醉人的酒母拿出來讓「八仙」喝。

「八仙」每人剛喝一杯，便紛紛醉倒了。他們跟蹌著向村東南走去，當走到這塊石頭邊時，已是爛醉如泥，隨即東倒西歪地躺在石床上。後來，村民們便稱這塊石頭為「仙人臥榻」。

經「仙人臥榻」往前走便是背山面水，隱於叢林之中的杜康祠。

杜康祠為唐宋廊院制格局，高低錯落，虛實對比，布局均衡對稱，縱橫軸線分明，結構、造型、色彩則集漢、唐、宋、明、清之萃，表現了顯著的時代風尚。

杜康祠最前面的一座懸山式建築，便是該祠山門，其上懸掛著中國近代書畫家李可染親書的「杜康祠」匾額；檐柱上鐫刻「魏武歌吟解憂句，少陵詩賦勞勸辭」楹聯。

　　拾級步入山門，乃是一尊三米高的仿青銅酒爵，玉液自爵內溢出，象徵杜康佳釀源遠流長。

　　酒爵的兩側為「龍吟」、「鳳鳴」兩座重檐四角亭。當年杜康造酒於龍山、鳳嶺環繞的空桑澗，就是後來的杜康村。龍吟亭下置《重修杜康祠碑記》；鳳鳴亭下立《杜康仙莊八景詩題》碑。

　　祠內縱軸線正中為獻殿，獻殿內「飲中八仙」彩塑分列左右。杜康酒不僅醉了神仙，也讓世人陶醉。

　　據傳，唐代大詩人杜甫的祖父杜審言，曾任膳部員外郎、洛陽縣丞。他非常喜歡飲酒，並自稱杜康後裔，專飲杜氏家酒。

　　杜甫飲酒也不離祖風，曾吟「杜酒頻勞勸，張梨不外求。」他在《飲中八仙歌》一詩中描寫的八仙分別是蘇晉、張旭、李白、崔宗芝、李璡、李適之、賀知章、焦遂。這八位名士，雖對酒興趣不同，飲酒形態各異，但都與杜康酒結下了不解之緣。

　　杜康酒被歷代文人歌詠。唐宋時期，文人讚杜康酒者甚眾。白居易在《酬夢得比萱草見贈》中曰：「杜康能解悶，萱草解忘憂。」晚唐文學家皮日休嘗居鹿門山，自號鹿門子，又號間氣布衣、醉吟先生。既然自號「醉吟先生」，可見其是嗜酒之人。

酒香千年：釀酒遺址與傳統名酒

美酒之源 杜康造酒

　　北宋哲學家邵雍在《逍遙津》中說自己願意「喝一輩子杜康酒」。邵雍是象數之學創始人，如此一個大學問家，居然願意喝一輩子的杜康酒，可見杜康酒是多麼的令人神怡！著名詞人蘇軾也曾留下醉語：「如今東坡寶，不立杜康祀。」

　　獻殿左右連以遊廊通向左右十間廂房，其間分別設置十組群像，以真實的故事，生動的形象，展示了「酒」這柄雙刃寶劍在中國歷史長河中的功過。

　　步入南廂房，有南宋女詞人李清照的畫像。李清照雖列不上酒仙酒聖，但她的詩詞仍然離不開酒，她在《如夢令》中即說：「尚記溪亭日暮，沉醉不知歸路，興盡晚回舟，誤入藕花深處。」

　　金代文學家元好問在《鷓鴣天·孟津作》中寫道：「總道忘憂有杜康，酒逢歡處更難忘。」從詞中可知，杜康酒真是歷久彌新，到了金代仍能引起文人墨客的傾心。

　　清代方文《梅季升招飲天逸閣因吊亡友朗三孟璿景山》詩：「追念平生腸欲結，杜康何以解吾憂。」

　　從杜康祠南側的垂花門穿過去，便是杜康墓園。寬闊的甬道，從鐫刻著「酒祖勝蹟」的青石牌枋下直通杜康墓塚，墓前有清代康熙時期的「酒祖杜康之墓」石碑，立於贔屭背上，其左右兩側分別矗立著《酒祖杜康傳略》與《重修杜康墓園銘》兩個歇山式碑樓。

　　墓園西側有一座硬山式卷棚頂建築，即為魏武居。魏武帝曹操對杜康酒一直推崇備至。

東漢建安年間，曹操平定北方後，這一天晚上，明月皎潔，他置酒設樂，歡宴諸將。曹操回想自己破黃巾，擒呂布，滅袁術，收袁紹，深入塞北，平定遼東，縱橫天下，頗不負大丈夫之志，不禁作《短歌行》慷慨而歌，其中有一段寫道：

　　對酒當歌，人生幾何？

　　譬如朝露，去日苦多。

　　慨當以慷，憂思難忘，

　　何以解憂，唯有杜康。

　　杜康酒隨曹操的《短歌行》而傳遍天下，「何以解憂，唯有杜康」成為千古絕唱。

　　在杜康墓園的東側是一處廊院格局的小庭院，名曰古釀齋。相傳周代時，杜康後人曾在這裡整理總結出了中國最早的製曲、釀酒工藝規程，即「五齊」、「六法」。它要求造酒用的黑秫要成熟，投曲要及時，浸煮要清潔，要取用山泉之水，釀酒器物要優良，火候要適當。

　　民間傳唱的一首酒歌，據稱是杜康所作，歌詞稱：

　　三更裝糟糟兒香，

　　日出燒酒酒兒旺，

　　午後投料味兒濃，

　　日落拌糧酒味長。

　　從這首酒歌中可知，杜康家族在釀酒的過程中，對何時投料、何時開火，是非常講究的。

酒香千年：釀酒遺址與傳統名酒

美酒之源 杜康造酒

從魏武居再走過蕉葉門，沿迴廊便是酒源展室。展示內有七組二十八尊彩塑，把杜康造酒的全過程生動形象地展現了出來。

酒源的對面，曾發現有商代的青銅爵、漢代陶壺、陶罐，秦、漢、唐、宋等朝代的制錢，以及戰劍、銅鍋，古代釀酒粉碎穀物的臼，書有「杜康仙莊」字樣古代民間器具，以及建安時期的酒灶等數百件，為杜康酒文化提供了十分珍貴的資料。

與杜康墓園相對，透過杜康祠北的垂花門、七賢勝景、梅園，就可看到櫻花茁壯的櫻園。櫻園的出口與一座小巧玲瓏的水榭相接，站在榭臺上眼前是湖光山色，紫氣生煙。

湖面形似葫蘆。傳說「八仙」飲了杜康酒後，先後醉倒在地，酒醒升天后，在這裡留下了鐵拐李的葫蘆印跡，故曰葫蘆湖，湖中的玉帶橋恰好束住葫蘆腰。

湖中於荷葉橋同椿木橋相接之處，造一四角小亭，亭旁一草白玉少女沐浴像。相傳，唐代美女楊玉環少時曾隨族兄楊國忠進入皇宮，她看到宮娥綵女姿色超人時，便覺自愧容貌平平。

後來，楊玉環聽說洛陽龍門賓陽洞佛祖為虔誠女子美容補面，便至此參禪，一連數日，容貌依舊。一氣之下，楊玉環決心尋覓幽靜之所隱居修行，於是來到景色如畫的杜康仙莊。每日朝飲杜康酒，暮浴酒泉水，數月容豔大變，成為一代絕色佳人。

後來楊玉環被選入宮，初為壽王妃，後得唐玄宗寵愛，被封為貴妃。楊貴妃為報杜康泉美容之恩，在杜康仙莊修建了知恩亭。

在杜康河兩岸，杜康祠門前有一個雕欄池，其中有一棵老態龍鍾但枝葉繁茂的柘桑，人們都稱之謂酒樹。

古時，這裡叫空桑澗，杜康幼年經常在此牧羊。據說他一次偶然把剩飯傾於空桑，幾天之後，發現空桑洞中的飯發酵後溢出了含有香味的脂水。杜康嘗而甘美，遂得釀酒之方。那棵老柘桑就是當年杜康發現酒的奧祕的那棵空桑的後裔，故名「酒樹」。

橫跨杜康河九十九米的二仙九曲橋，沿岸百泉噴湧，最引人注目的是那座重檐六角亭，上懸「酒泉亭」的匾額。泉口青石欄杆雖已風化，但淙淙泉水仍是清洌碧透。這就是流傳千古的酒泉，又稱「杜康泉」，為當年杜康造酒取水之處。杜康泉，天愈旱而水愈旺，天愈冷而水愈暖。

在杜康河的東岸，鳳山腰間有一座古樸別緻的小院，裡面有座茅草四面坡頂連環套建築，院內高桿上懸掛黃底黑字的酒旗，這便是杜康酒家。

經過數千年歲月，明確提及杜康的詩詞歌賦有一百多首，可見歷代詩人與杜康酒的情深意篤。此外在中國古代文獻中，明確記載杜康造酒有二十多部，如《酒誥》、《世本》、《說文解字》、《戰國策》、《漢書》等。大量文字記載，傳承了杜康酒文化，更使杜康仙莊名揚天下。

閱讀連結

　　杜康文化名震國內，譽馳五洲，海內外知名人士，專家學者，文人騷客不少人慕名而來，留下了珍貴的墨寶。杜康仙莊酒祖殿的「杜康碑廊」中珍藏的六十七通書畫碑刻就是最好的證明。在這些書畫碑刻中，有已故書畫大師李苦禪謳歌杜康與杜康酒的七律，高度評價杜康。。

　　酒的鼻祖是杜康，酒的發祥地是杜康仙莊。人們讚美杜康，謳歌仙莊，表達了對杜康酒的摯愛。

▌杜康造酒醉劉伶的故事

■杜康酒

　　酒祖殿是杜康仙莊主體建築，位於杜康祠院後正中，磚木結構，歇山重檐，由二十四根大柱構成四面迴廊。迴廊中間是抱廈，其形制具有的明顯的宋、明、清相融合的特徵。

在抱廈額枋上，懸掛著鐫有「酒祖殿」三個黑底金字的匾額，是清末著名書法家愛新覺羅·溥杰在八十四歲高齡時所書，兩邊柱子上掛有「德存史策，縱萬事紛爭，稱觴乃成禮義，功在人寰，任百憂莫解，借酒能長精神」楹聯。抱廈前嵌一大型透雕券口，「八仙」醉飲的形象栩栩如生。

在抱廈大殿內，須彌座上神龕內是漢白玉的杜康雕像，鶴髮銀鬚，風姿瀟灑，神情溫厚純樸，左手抱壇，右手舉爵，穩坐於當年造酒保護神龍頭龜上。左側牆上壁畫是《杜康醉劉伶》的傳說，右側壁畫是《杜康造酒》的故事。

「杜康造酒醉劉伶」的故事廣泛流傳於民間。

在魏晉時期，出現了有名的「竹林七賢」，他們是晉代的七位名士，即阮籍、嵇康、山濤、劉伶、阮咸、向秀和王戎。七賢中最愛喝酒的當屬劉伶，他將飲酒之風發揮到了極致。

劉伶嗜酒如命，有一次，他打聽到伏牛山北麓杜康仙莊的杜康酒味道醇厚，香郁濃重，曾作為宮廷御酒專供朝廷飲用，心想：要是不飽飽口福，豈不是終生遺憾！

這一天，劉伶出洛陽過龍門，朝杜康仙莊一路問來。在行至街頭時，他看見一家酒肆，只見門口貼著一副對聯，寫的是：「猛虎一杯山中醉；蛟龍兩盞海底眠。」

劉伶不禁愣住了，究竟是何等的酒，能讓店主人有這麼大的口氣？一問才知，這便是杜康酒肆。他心想：我倒要領教一下這酒力如何！這麼想著，就走了進去。

劉伶來到了這間酒肆之中，只見一位老翁正在等客，問過姓名，老翁答道：「我就是杜康。客官是吃酒吧？」

美酒之源 杜康造酒

劉伶知道杜康早已成仙，老翁這樣說，他也不在意，只答道：「吃酒，吃酒。你店裡好酒有多少？」

自稱杜康的老翁神祕地說：「不多，一壇。」

劉伶頓時心生懷疑，不禁問道：「一壇？一罈酒夠吃？」

杜康反問：「一罈酒還要供好多人喝哩，你能喝多少？」

劉伶道：「能喝多少？傾壇喝光也不會夠的！」

杜康笑了笑，說道：「喝一罈？三杯也不敢給你啊，你要吃過量了，我可是吃罪不起！」

劉伶傲然大叫：「三杯？你是怕我付不起酒錢？銀兩有的是，你就連壇給我搬來！」

杜康一聽，又道：「客官，我的酒，凡來喝的人都是一杯，酒量再大，大不過兩杯，你要執意多喝，請給我寫個字據，出事了，我可不擔干係。」

劉伶道：「那好，拿筆來！」

店小二趕忙拿出筆墨紙張，擺放停當。只見劉伶寫道：「劉伶飲酒若等閒，每次飲酒必傾壇，設或此間真醉死，定與酒家不相干！」下款署上自己的名字，然後交給杜康。

杜康讓店小二搬出那罈酒，放在劉伶的面前，任他喝去。劉伶一口下懷，頓覺甘之如飴，禁不住狂飲起來，頃刻之間，一罈酒見底，果然「必傾壇！」

劉伶飲罷壇中酒，已經醺醺大醉。他忘了給老翁酒錢，就東倒西歪、腳步踉蹌地回到家中，迷迷糊糊地向妻子交代

說：「我就要死了，你把酒具給我放在棺材裡，然後埋到酒池內，上邊蓋酒糟。」說完，就沒氣了。

不知不覺，很快就過了三年。突然有一天，杜康來到村上找劉伶。劉伶的妻子問他有啥事？杜康說：「劉伶三年前喝了我的酒，還沒給酒錢呢。」

劉伶妻子一聽，怒火直冒：「你還敢來要酒錢，我還沒來找你要劉伶的命呢！」

杜康忙說：「千萬別急，劉伶不是死了，是醉了！你快領我到埋他的地方去看看。」

他們來到埋劉伶的酒池內，刨開酒糟，打開棺材一看，只見劉伶穿戴整齊，面容跟活人一模一樣。

杜康上前拍了拍劉伶的肩膀，叫道：「劉伶！快起床啦！」

劉伶打了個呵欠，三年累積的酒氣隨著呵欠散發出來。他伸了伸懶腰，睜開眼睛，嘴裡連聲叫道：「杜康好酒！杜康好酒！」

從此，「杜康美酒，一醉三年」的傳奇故事就傳開了。

杜康仙莊裡杜康河東岸有一個「劉伶池」，池旁有一劉伶醉臥的青石雕像。相傳，劉伶醉死埋地後，酒化為水，滲入地下水脈，在這裡湧出一汪清池，人們稱之為「劉伶池」。

在杜康仙莊的北部還有一處「七賢勝景」。在奇石異卉組成的高臺上，有七尊或立或臥，或呼或笑，形態各異、醉

酒香千年：釀酒遺址與傳統名酒

美酒之源 杜康造酒

態可掬的草白玉雕像，他們就是「竹林七賢」。當年他們經常在杜康仙莊酣飲，藉以發洩內心的苦悶和憤世嫉俗的感情。

　　杜康酒屬濃香型，精選優質小麥、糯米、高粱為原料，並採取特殊工藝釀造而成。由於此酒酒質清亮、窖香濃郁、甘綿純淨、回味悠長，難怪有「杜康造酒醉劉伶」的故事，表達了人們對杜康酒的由衷讚美。

閱讀連結

　　「竹林七賢」的風姿情調多表現於其飲酒的品位和格調上。漢魏之際，許多名士即基於不同的角色而對酒的社會規範持不同立場。七賢善飲，亦表現出不同的酒量、酒德與酒品。如阮籍的飲酒是全身避禍是酒遁。再如嵇康喜飲，則注重怡養身心、營造生活情趣的正面價值。相較而言，劉伶飲酒是痛飲豪飲，他是在借酒所催發出來的原始生命力，使其心靈超脫。

　　「竹林七賢」面對政局的多變和人生的無常，透過飲酒，來提升心境，這是他們不同於一般人的品位與格調。

國酒至尊 茅臺古酒

　　貴州茅臺酒獨產於中國的貴州省仁懷市茅臺鎮，世界三大蒸餾名酒之一，是大曲醬香型白酒的鼻祖，也是中國的國酒，擁有悠久的歷史。

　　釀製茅臺酒的用水主要是赤水河的水，赤水河水質好，用這種入口微甜、無溶解雜質的水經過蒸餾釀出的酒特別甘美。它具有醬香突出、幽雅細膩、酒體醇厚豐滿、回味悠長、空杯留香持久的特點。其優秀品質和獨特風格是其他白酒無法比擬的。

茅臺酒的歷史與文化

■簡稱「茅臺」的茅草祭臺

貴州仁懷茅臺鎮位於赤水河畔，歷史悠久，源遠流長。茅臺鎮歷來是黔北名鎮，古有「川鹽走貴州，秦商聚茅臺」的繁華寫照。因河岸遍長馬桑，故稱「馬桑灣」。

這裡先秦時期土著居民僰人曾將一眼山泉砌為方形，遂改稱「四方井」。僰人祭祀築臺，臺栽茅草，謂之茅草祭臺，簡稱「茅臺」。

赤水河是一條神祕的「酒河」。史書記載：「赤水河，每雨漲，水色深赤，故名。」它源自貴州，至四川合川注入長江，全長五百二十三公里。河兩岸美酒飄香，天下馳名。

相傳，在山靈水秀的赤水河畔，曾經有一位月亮仙女將天庭仙草「紫楹仙姝」投於懸崖之上，仙草凝聚天地靈氣，蘊結滋陰仙力，令山崖及河岸上的草木蔥蘢繁茂，生機盎然，河邊的女子也因每日用河水洗浴而肌若美玉，容顏不老。

赤水河不僅美化了兩岸山川，河水釀出的美酒也醇香濃郁。赤水河獨特的地理氣候特點，造就了這裡絕佳的釀酒生

態環境。層層過濾的山泉，結實飽滿的高粱，加之這裡流傳千年的釀酒傳統工藝，使赤水河成為激情四溢的中國美酒河。

茅臺釀酒歷史悠久，據傳遠古大禹時代，赤水河的土著居民濮人已善釀酒。早在兩千多年前戰國時期，赤水河兩岸的青山綠水間就飄著美酒香，名醪不絕於世。

茅臺雲仙洞曾經發現四十餘件商周時期陶制酒器；遺址中的大口尊、陶瓶、陶杯確認為盛酒器、斟飲器、飲酒器，是當時的成組專用酒具。這些商周時期飲酒習俗的成組專用酒具，證明當時的人民已經掌握了釀酒技術，應當有大量酒的存在。

茅臺河谷生產的醬香白酒，溯源可至秦漢。西漢史學家司馬遷《史記》記載：西元前一百三十五年，番陽令唐蒙出使南越，自巴蜀入符關，路經馬桑灣，得飲當地出產的蒟醬，滋味鮮美。蒟醬就是檳榔藥，它與糧食一起為原料，經過發酵，可以釀造成酒。

唐蒙完成征南越使命後，持蒟醬敬獻於漢武帝。漢武帝飲之甚讚：「甘美之。」其時，茅臺地區轄於蜀，故這是對茅臺地區醬香酒的最早讚譽。

雖然蒟醬酒比起後世的茅臺鎮酒來差之甚遠，但其醬味是歷代茅臺酒家一直的追求。所以才有了茅臺鎮醬香白酒。

蒟醬酒的酒精度不高，秦漢時期又以糯米、高粱、大麥等釀酒，酒精度只有二十度左右，凡釀必取醬味。後來發展出的酒中酒等醬香酒裡，也流淌著秦風漢韻。

酒香千年：釀酒遺址與傳統名酒

國酒至尊 茅臺古酒

據史書記載，西元前一一一年，漢武帝平定南越後，曾經欽賜蒟醬酒犒勞將士。西元前一一零年，西漢王朝設南海、蒼梧、鬱林、合浦、交趾、九真、日南、珠崖、儋耳九郡，漢武帝又欽賜蒟醬酒以安撫諸郡。

由於漢武帝非常喜歡蒟醬酒，一時間西漢時期的長安、蜀地、南越等地曾出現蒟醬酒熱。

在茅臺附近合馬羅村梅子坳的西漢土坑墓中，考古工作者發掘出的四百多件遺物中，有酒甕四個、酒罈兩個、酒罐四個、鋪首啣環酒壺兩個，這些都是儲酒和盛酒器。

酒甕約容八十斤至一百斤不等；酒罈約容十斤；酒罐、酒壺約容三斤。其中的鋪首啣環酒壺中的鋪首圖，是饕餮獸首像，是使人望而生畏的森嚴等級圖案，象徵有錢人或上層人物使用的專用酒器。

其餘涉及證明生產的砍刀、鐵鋸、鐵錘、鐵釜等生產工具，與發展釀酒原料的糧食有關，說明當時著重糧食生產；證明生活的陶釜、銅釜、陶甑、陶簋、刻刀、陶盒、陶罐、陶盆等生活用具，與釀酒的蒸煮、祭祀、盛物、記事有關，說明當時具有整套釀酒的工具。

另外，漢代的五銖錢、大泉五十、大布黃千等的錢幣種類，與酒成為商品與貨幣交換有關，證明當時形成規模性的釀酒能力已具備條件，而儲存酒是為提高酒的質量與市場競爭。

這些漢代遺物，表明了茅臺酒在西漢時期已有規模性的釀造能力，掌握儲酒技術。

茅臺銀灘葫蘆田發現的東漢銅鼓，稱茅臺銅鼓。該銅鼓一面，束腰形，表面飾弦紋、芒紋、蟬翼紋、鋸齒紋、游旗紋、翔鷺紋、蝸紋、辮索紋，造型凝重、紋飾清晰，叩之音響渾厚。

　　該銅鼓發現於茅臺，與西漢早期的盧崗咀漢代遺址、大渡口東漢磚室墓、梅子坳西漢土坑墓、商周遺址相鄰。從大量酒具來看，說明當時飲用酒的條件較好。從這些墓葬和遺址遺物分析，這一帶當時已有人口集中的城鎮，進行規模性的釀酒，厚葬的習俗證明，這一帶當時沒有戰爭的痕跡，人民生活較為穩定。

　　這些製造精美的銅鼓，用途只有作為慶典中的號召樂器，在祭祀、婚姻、表葬、喜慶節日等儀式中擊鼓，使儀式祭酒和群體宴席飲酒更為莊嚴隆重。

　　茅臺古酒不僅歷史悠久，而且具有深厚的酒文化。茅臺河谷釀酒人自古就有重陽祭水的習俗。因為赤水河谷能釀出聞名於世界的優質醬香型白酒，是母親河赤水河對居住此間子民的厚愛和恩賜。沒有赤水河就沒有茅臺鎮酒，茅臺人任何時候都忘不了赤水河的哺育之恩。

　　茅臺重陽祭水活動傳統而隆重。祭臺肅穆輝煌，旗幡彩飾，蟠龍雄獅，酒罈酒罐，酒爵酒樽，列臺左右。從業人員及貴客嘉賓身著盛裝，樂師鼓手，手持樂器，似水如潮，匯於臺前。

　　首先擊鼓九通，鳴炮九響，主祭人隨飛天仙女自祭臺第一層上至第三層行禮敬香。旋即下至祭臺第二層共嘉賓一道

酒香千年：釀酒遺址與傳統名酒

國酒至尊 茅臺古酒

向河神敬酒三巡。隨之主祭人宣讀祭文，讀畢焚於缽中。之後，各坊酒主、酒師隨金童玉女乘龍舟淨處取水。

聖水取回後，坊主、酒師再行禮數，操作下沙。至此，一年一度釀酒的第一輪次便開始了。

赤水河釀造的酒，在當地人中具有舉足輕重的意義。在這裡，小孩出生要喝三朝酒，女兒出嫁要喝姑娘酒，客人來了要喝敬客酒，節日要喝雞頭酒。在這裡，釀酒、藏酒、飲酒、酒禮和酒規已形成一種歷久彌新的酒文化。酒，已經浸透在赤水河流域人們的勞作、生活、社交等各個方面。

千百年來，在赤水河兩岸，風中飄浮著酒的歌謠，河裡流淌著酒的餘味，赤水人家的生活已離不開酒。

閱讀連結

貴州流傳著一個有關茅臺酒的美麗傳說。相傳有一年除夕，茅臺鎮突然大雪紛飛，寒風刺骨，鎮上住有一李姓青年。有一天夜裡，他夢見天邊飄來一位仙女，身披五彩羽紗，手捧熠熠閃光的酒杯，站立面前。仙女將杯中酒傾向地面，頓時空中彌漫了濃郁的酒香，並出現了一道閃爍的銀河。

李青年一覺醒來，推門一看，但見一條晶瑩的小河從家門口淌過，河面上飄過來陣陣酒香。後來，當地人就用仙女賜予的河水釀酒，用「飛仙」圖案作為茅臺鎮酒的標誌。

宋代茅臺酒的釀造工藝

■酒坊

　　茅臺酒歷史悠久，其釀製工藝經歷代發展而來。在唐宋時期，仁懷已成酒鄉，釀酒之風遍及民間。

　　唐代茅臺河谷生產大曲醬香型白酒，人們多稱之為醬酒。唐人有文記載說，醬酒的外觀無色或微黃，透明、無懸浮物、無沉澱；具有醬香突出、優雅細膩、醇和豐滿、回味悠長、空杯留香的獨特風格。

　　到了宋代，北宋政府於西元一一零九年在仁懷設縣，提高了行政級別，更是促進了茅臺地區醬香酒業的發展。

　　宋代的釀酒工業，是在漢唐的基礎上進一步普及和發展起來的，在中國釀酒史上處於提高期和成熟期。北宋大量釀酒理論著作問世，蒸餾白酒出現，代表著著酒文化的成熟和發展。

　　宋代茅臺釀製的優質大麴酒「風曲法酒」盛行於市。宋代瑣記名家張能臣曾以此酒質量佳美而載入他寫的《名酒記》

酒香千年：釀酒遺址與傳統名酒

國酒至尊 茅臺古酒

一書中。此書是中國宋代關於蒸餾酒的一本名著，列舉了北宋時期的名酒兩百二十三種，是研究古代蒸餾酒的重要史料。

南宋時期，都城臨安及江南一帶的人都喜飲醬香酒，蜀商常販醬香酒去銷售。雲貴川廣大地區人民也頗喜歡醬香酒，醬香酒的需求量陡增，醬香酒業也因此空前發展。

除京城臨安外，其他城市實行官府統一釀酒、統一發賣的榷酒政策。酒的質量有衡定標準，酒按質量等級論價。每個地方，都有自己代表性名酒。當時茅臺地區醬香酒被定為甲等質價，為蜀中代表性名酒，稱為「益部燒」，屬江陽郡酒庫管理。

宋代不僅釀酒管理方面已相當完善，技術方面也相當成熟。而茅臺河谷酒的製曲工藝及蒸餾、儲存、勾兌技術等都是很獨特的。

製曲技術是中國特有的民族遺產，最早可溯至商周。春秋戰國時期品種已達 7 種之多。製曲主要是用小麥，配上百餘種中藥材，高溫生菌而成。中國傳統製曲利用天然微生物開放式製作，既適於曲菌生長，又利於抑制雜菌。故製曲季節是保證製曲質量的重要條件。

宋代白酒生產曲的種類較多，按其形狀和原料配製可分為大曲、小曲、麩曲。大曲按品溫可分為高溫大曲、中溫大曲、低溫大曲；按作用原料可分為醬香型大曲、濃香型大曲、清香型大曲、兼香型大曲。茅臺河谷多用醬香型大曲。

茅臺醬酒的生產，於每年重陽節前後投料，分下沙、糙沙兩次投料；以曲養曲，以酒養糟養窖。同時，茅臺釀酒採

用開放式固態發酵，多輪次晾堂堆積高溫開放式發酵與適時入窖封閉發酵相結合。然後高溫蒸餾，量質取酒。

經過九次蒸餾七次取酒後，按醬香、醇甜、窖底香三種典型體和不同輪次，分別用陶制酒罈儲存三年以上，再取出不同輪次、不同典型體、不同酒齡的原酒進行勾兌，生產出成品。

宋代茅臺醬酒由於酵藏時間長，易揮發物質少，所以對人體的刺激小，有利健康。酒中易揮發物質少，對人的刺激小，不上頭，不辣喉，不燒心。

宋代茅臺醬酒有酸、甜、苦、辣、澀五種味道，酸度能達到其他酒的三至四倍。根據中醫理論，酸主脾胃、保肝、能軟化血管。道教、佛教也很重視酸的養身功能。

宋代茅臺醬酒的酒精濃度五十三度左右，酒精濃度在五十三度時水分子和酒精分子締合得最牢固。再加上此酒還要經過長期儲存，所以締合更加牢固，隨著儲存時間的增長，游離的酒精分子越來越少，對身體的刺激也越來越小，有利健康。所以喝酒時感到不辣喉，醇和回甘。

閱讀連結

茅臺酒香氣成分達一百一十多種，飲後空杯，長時間餘香不散。有人讚美它有「風味隔壁三家醉，雨後開瓶十里芳」的魅力。

茅臺酒香而不豔，它在釀製過程中從不加半點香料，香氣成分全是在反覆發酵的過程中自然形成的。它的酒度一直

穩定在五十二至五十四度之間，曾長期是全國名白酒中度數最低的。具有「喉嚨不痛、也不上頭，能消除疲勞，安定精神」等特點。

▌明清時期的茅臺酒業

■明代酒坊場景

　　明代萬曆年間，萬曆皇帝派大將李化龍率軍平播州，即現在的貴州市。官軍駐守期間，由於戰爭的艱苦，需要酒的供給，播州當地作坊大量烤酒供應。

　　當時的播州生產的糧食並不豐富，釀酒原料有限，各作坊只好將原來的酒糟加入少量的糧食、大曲再次發酵蒸烤。這樣蒸烤出來的酒比原來節約原料，出酒率不減，稱翻沙酒。

　　翻沙酒充分利用了酒糟中的澱粉含量，節省來源不足的高粱、小麥等原料。翻沙酒雖酒體稍薄，但醇香突出，很受官軍喜歡。

明代創造出來的「翻沙工藝」，緩解了當時的糧食不足，在民間盛行「翻沙工藝」烤酒，並自作錫壺酒具飲酒。

在仁懷發現明代窖藏酒具十多件，其中錫壺五件，從執壺到提梁壺、從單提梁壺到雙提梁壺、從無支架到有支架、再從斜腹到鼓腹，是一個適用過程到審美過程的成組酒具，證明了這是仁懷「翻沙工藝」釀造時期的酒具。

到了清代，茅臺酒業獲得了巨大的發展。尤其在清乾隆時期，仁懷沒有發生戰事，人民生活基本穩定。在糧食充足，釀酒原料豐富的情況下，以茅臺為中心的酒作坊，將酒糟改為純糧製成酒醅，將「翻沙工藝」改進為「下沙工藝」、「造沙工藝」，將一次發酵一次蒸烤改進為多次發酵多次蒸烤。這樣改進以後，釀出的酒繼承了醬香突出的酒味，使酒體更加醇厚豐滿。

清乾隆年間的西元一七四五年，貴州總督張廣泗奉旨開修赤水河河道後，舟楫抵達茅臺，茅臺成為川鹽入黔水陸交接的碼頭。

茅臺鹽業大盛，商賈雲集，鹽夫川流不息，對酒的需求與日俱增，刺激了釀酒業的發達和釀酒技術的提高。當時的鹽商華氏家族等在茅臺創辦燒坊，開發酒業。茅臺地產酒透過鹽商走進重慶、成都、昆明、上海等大都市，小有名氣。

鹽商聚集茅臺，對茅臺河谷酒業的發展造成了助推作用。最為著名者如四川鹽法道總文案仁岸「永隆裕」鹽號老闆華聯輝，與其弟貴陽「永發祥」鹽號老闆華國英，興建「成裕燒房」。此外還有「王天和」鹽號老闆王義夫與茅臺地區富

酒香千年：釀酒遺址與傳統名酒

國酒至尊　茅臺古酒

紳石榮霄、孫全太興建的「榮太和」燒房。可見川鹽入黔對茅臺河谷的醬香白酒業發展的助推作用是不可小覷的。

到了西元一八六七年，四川總督丁寶楨改革川鹽運銷制度，實行官運商銷。以遵義人唐炯為總辦，遵義人華聯輝為總局文案。亦官亦商的華家設在茅臺村的「永隆裕」鹽號在華聯輝指示下，一年後在「茅臺燒房」廢墟上再建酒房，名「成裕酒房」，生產茅臺燒。後「成裕酒房」沿襲清乾隆時就有的「成義號」更名為「成義酒房」。其生產的酒，改名「回沙茅酒」。

繼「成義酒房」之後十年，縣人石榮霄、孫全太、王立夫合股聯營開辦「榮太和燒房」。這與清道光以前用「燒房」名酒廠完全一樣。後因孫全太退股，榮太和燒房更名為「榮和燒房」，生產的酒名「榮和茅酒」。

西元一八六二年，賴茅鼻祖賴嘉榮先祖在貴州茅臺鎮創辦「茅臺燒春」酒坊。賴嘉榮繼承祖業後，於一九零二年突破了歷史上酒類釀造的傳統工藝，獨創「回沙」工藝和複雜的釀酒技術，研究出風格最完美的醬香大曲茅酒，賴氏茅酒由此名揚天下，後世稱「賴茅」。

西元一九一五年，北洋政府農商部把貴州省仁懷縣茅臺村產的「回沙茅酒」、「榮和茅酒」，以「茅臺造酒公司」名義送出，統稱「茅臺酒」，參加由美國倡導在舊金山舉行的「巴拿馬萬國博覽會」展出並獲得了大獎，成為世界三大蒸餾酒之一。「茅臺酒」從此譽滿全球。

對於清代仁懷茅臺生產的美酒，清代有許多官方記載。據清代《舊遵義府志》所載，道光年間，「茅臺燒房不下二十家，所費山糧不下二萬石」。

清光緒年間成書的《近泉居雜錄》中，記載了茅臺燒酒的釀造技藝：

茅臺燒酒製法，純用高粱作沙，蒸熟和小麥麵三分，納糧地窖中，經月而出蒸之，既而復釀，必經數迥然後成；初日生沙，三四輪日燦沙，六七輪日大回沙，以次概日小回沙，終乃得酒可飲，品之醇，氣之香，乃百經自具，非假曲與香料而成，造法不易，他處難以仿製，故獨以茅臺稱也。

清代還有許多吟詠過茅臺酒的詩人，如張國華、盧郁芷等。

張國華是清代中期貴州省頗有名氣的學者。清道光初年，他途經茅臺時，曾經寫下了《茅臺村竹枝詞》二首：

一座茅臺舊有村，糟邱無數結為鄰。

使君休怨曲生醉，利鎖名韁更醉人！

……

於今好酒在茅臺，滇黔川湘客到來。

販去千里市上賣，誰不稱奇亦罕哉！

這兩首竹枝詞，是至今猶存的最早讚譽茅臺酒的詩歌。據說，當年張國華來到茅臺鎮，在河濱一家酒店開懷暢飲，酩酊大醉，乘興向店家要來筆墨，在壁頭上題寫了這兩首竹枝詞。

酒香千年：釀酒遺址與傳統名酒

國酒至尊 茅臺古酒

　　盧郁芷是清同治時期貴州仁懷縣冠英鄉人，平生縱情山水，甚喜飲酒詠詩。他寓居仁懷縣城時寫的《仁懷風景竹枝詞》六首中，有一首就是專門寫茅臺酒的：

　　茅臺香釀釅如油，三五呼朋買小舟。

　　醉倒綠波人不覺，老漁喚醒月斜鉤。

　　寥寥數語，把茅臺酒色香味的甘醇芳郁描繪得出神入化，是一首不可多得的通篇描寫茅臺酒的好詩。

　　美酒豐富了詩人的靈魂，擴大了詩人的視野。詩和美酒都是瓊漿，沉醉了億萬讀者的心靈，它將像茅臺酒一樣永遠流光溢彩，為人們鍾愛傾倒。

閱讀連結

　　茅臺酒釀酒技藝被批准為國家級非物質文化遺產。透過對「成義」燒房烤酒房、「榮和」燒房干曲倉、「榮和」燒房等十餘處遺址群進行系統的考察和資料整理，認為工業遺址群見證了茅臺酒工業文化的輝煌發展歷程。

　　茅臺酒釀酒工業遺址群，是清代以來民族工業從艱難前行一直到不斷發展壯大創造輝煌的歷史見證，也是茅臺酒釀製工藝的實物載體，對茅臺酒釀造工藝申報世界文化遺產具有重要的支撐作用。

酒林奇葩 五糧液酒

　　五糧液為大曲濃香型白酒,產於四川宜賓,用小麥、稻米、玉米、高粱、糯米五種糧食發酵釀製而成,在中國濃香型酒中獨樹一幟。五糧液古窖池群是中國唯一最早的地穴式麴酒發酵窖池群,證明五糧液酒已有六七百年的歷史。

　　宋代宜賓姚氏家族私坊釀製的「姚子雪曲」是五糧液最成熟的雛形。明代宜賓人陳氏繼承了姚氏產業,總結出陳氏祕方,時稱「雜糧酒」,後由晚清舉人楊惠泉改名為「五糧液」。

▌五糧液產地宜賓釀酒史

■古代釀酒工藝

　　中國四川宜賓自古以來就是一個多民族雜居的地區。聚居此地的各族人民依託世代承傳的習俗和經驗，曾經在不同的歷史時期，釀製出了各具特色的美酒。

　　例如：先秦時期當地僚人釀製出了清酒；秦漢時期僰人釀製的蒟醬酒；三國時期鬆鬆苗人用野生小紅果釀製的果酒等，都是當時宜賓地區少數民族的傑作，無不閃爍著中國古代人民對釀酒技術的獨到見解和聰明才智。

　　到了南北朝時期，彝族人採用小麥、青稞、稻米等糧食混合釀製了一種咂酒，從此開啟了採用多種糧食釀酒的先河。

　　咂酒因其飲酒的方式而得名，釀時先將糧食煮透、晾乾，再加上酒麴拌勻，盛於陶壇中，用稀泥將壇口密封，並用草料覆蓋，讓其發酵，十餘天即成。飲用時，揭開泥封，往罐內水肉，飲酒者每人持一根竹管直接從罐內吸飲，一邊喝一邊加水，直到沒有酒味為止。

在唐代時，宜賓稱戎州，當時官坊用四種糧食釀製了一種「春酒」。唐代大詩人杜甫大約在西元七四三年到了戎州，當時的戎州刺史楊使君在東樓設宴為他洗塵。杜甫嘗到了春酒和宜賓的特產荔枝，即興詠出《宴戎州楊使君東樓》詩一首：

勝絕驚身老，情忘發興奇。

座從歌妓密，樂任主人為。

重碧拈春酒，輕紅擘荔枝。

當時杜甫已至晚年，但仍然憂國傷生，顛沛流離，許多詩寫得沉鬱無比，讀來令人心酸，但獨獨這首詩卻流露出少見的快樂情緒，原因就在於詩中美酒「重碧」。重碧酒的原料是四種糧食，只比後世的五糧液少一種。所以重碧乃是五糧液不折不扣的前身。

到了宋代，宜賓當地有個釀酒的姚氏家族，其以玉米、稻米、高粱、糯米、蕎子五種糧食為原料釀製的「姚子雪曲」，這就是後世五糧液最成熟的雛形。

北宋詩人黃庭堅一生好酒，他是最早一個宣傳五糧液的前身「姚子雪曲」的人，也是最早一個作出鑒評的人，他的詩文為後人研究五糧液的發展史留下了珍貴資料。

西元一零九八年，黃庭堅被貶謫為涪州別駕，朝廷為避親嫌，又把他轉而安置於戎州。黃庭堅自此擺脫朝政，寄情於山水詩酒之中。在寓居的三年中，他遍嘗戎州佳釀，寫下十七篇論酒的詩文，其中最為推崇的是《安樂泉頌》和《荔枝綠頌》。

酒香千年：釀酒遺址與傳統名酒

酒林奇葩　五糧液酒

　　早在唐代，戎州就盛產荔枝，因而就有了「荔枝綠」這種酒。一日，戎州名流廖致平邀好友黃庭堅到家中品此酒，當時詩界的規矩是將酒杯置於水面，漂到誰的面前就由誰獻詩一首。這在中古時被稱為「曲水流觴」。

　　當輪到黃庭堅時，他試傾一杯，先聞其香，其香沁人心脾，再觀其色，其色碧綠晶瑩。看著透明醇香的美酒，黃庭堅頓時興奮起來，所謂無酒不成宴，有酒詩如神矣，他當即吟詩一首《荔枝綠頌》。

　　之後，黃庭堅復作《安樂泉頌》，這更是詩化了的一篇鑒賞酒質的評語：

　　姚子雪曲，杯色增玉。

　　得湯鬱鬱，白雲生谷。

　　清而不薄，厚而不濁；

　　甘而不噦，辛而不螫。

　　老夫手風，須此神藥。

　　眼花作頌，顛倒淡墨。

　　詩中讚美了姚子雪麴酒，其「杯色增玉，白雲生谷，清而不薄，厚而不濁，甘而不噦，辛而不螫」之句，短短幾字高度濃縮了黃庭堅對這種美酒的審美感受。從此以後，戎州的「荔枝綠」就聲名鵲起，成了進貢朝廷的天下名品。

　　水在釀酒過程中起著特殊的作用。黃庭堅《安樂泉頌》中的安樂泉，泉水潔淨，清爽甘冽，沁人肺脾。古語說：「上

天若愛酒，天上有酒仙：大地若愛酒、地上有酒泉。」可見水在美酒中的地位了。

據傳，三國時期，諸葛亮率軍南征至雲南西洱河，遇四口毒泉，其中一口為啞泉。時逢天氣好生炎熱，人馬飲用了啞泉水後，一個個說不出話來。後來幸得一智者指教，復飲宜賓安樂泉水，「隨即吐出惡涎，便能言語」。

宜賓美酒的釀造用水全部取自於安樂泉，故安樂泉被譽為「神州釀酒第一福泉」。

令人稱奇的是，後世嚴謹認真的評酒專家們也給予了五糧液「香氣悠久，味醇厚，入口甘美，入喉淨爽，各味諧調，恰到好處」的高度評價。科學的評價恰與九百多年前詩人黃庭堅的評價驚人的相似，這也恰恰說明了五糧液千古不變的卓越品質。

閱讀連結

自古好水出好酒。在宜賓江北公園中，保留著有九百多年歷史的流杯池，相傳就是黃庭堅所造。而千餘年後，安樂泉仍為釀造神州瓊漿唯一的水源。

另外，廣西恭城縣龍虎關有一眼泉水可以釀酒。明末清初，當地人用此泉水釀成「龍虎酒」，成為全國名酒。這眼泉水本身具有甘甜酒味的特點，並含有 30 多種微量元素。

▌千年老窖醞釀的五糧液

　　中國白酒釀造有一條定律：「千年老窖萬年糟，酒好全憑窖池老。」宜賓在明初形成了古窖池群，也大量出現了糟坊，這種作坊式經營的私人企業，後廠釀酒，前店賣酒。

　　在宜賓明清兩代歷史上，最為著名的糟坊有溫德豐、利川永、長髮升、德盛福、鐘三和、張萬和、葉德盛等十二家老字號。

　　明代的地穴式古酒窖分佈在後世酒廠的「順字組」和「東風組」內。「順字組」是原「利川永」糟坊舊址，明清時發展到古窖二十七口，按西南、東北走向，分左、中、右三行排列，其左列順數第七、八、九三窖為明代酒窖。用手指在古窖上摸一下，都能留下撲鼻的酒香。

　　窖號二十一、二十二、二十三，三窖原為「利川永」的前身，創自明初「溫德豐」糟坊。其原型呈鬥形，與明末清初的「張萬和」、「葉德盛」糟坊所開的長方形窖有異。

　　「東風組」位於宜賓一條悠然老街「古樓街」，入街者的第一感覺就是醉人的芳香，循香望去，古色古香的一處明代風貌的古典式五糧液糟坊映入眼簾。

　　進入糟坊，便能看見那歷經風雨滄桑後，卻依然散透高貴氣質和神韻的古窖。這是原「長發升」糟坊舊址，後世存古窖十六口。這糟坊是典型的明代建築，一樓一底，縱分三進，從明至清，由於道路拓寬，生產發展等原因，形成了非中軸對稱式建築布局。

這十六口明代古窖池經過幾百年的連續使用和不斷維護，成為中國唯一存留下來的最早的地穴式麴酒發酵窖池，其微生物繁衍從未間斷，而且這十六口明代古窖池一直使用到後世。這是一個白酒業的奇蹟。

　　明代偉大醫學家李時珍《本草綱目》上說，白酒有降低有害物質作用，越是陳窖，就越能提高對人體有益物質含量，降低酒精給人體帶來的損害。故評判酒質的高下，很大程度上決定於窖池「陳」的時間。

　　「永和糟坊」位於宜賓縣喜捷鎮萃和村小洞子，有清代老窖池五口，其中有三口已確認為清乾隆年間老窖池，是四川地區較早地穴式麴酒發酵窖池之一。

　　早在明代初年，宜賓人陳氏繼承了自宋代就形成的姚氏釀酒產業，總結出陳氏祕方，技藝更加完善。生產的酒兩名，文人雅士稱之為「姚子雪曲」，下層人民都叫「雜糧酒」。

　　清末，陳氏家族於西元一千九百年將作坊命名為「溫得豐」。這一年，陳氏家族第十代子孫陳三，繼承祖業，在原有釀造基礎上進一步總結提煉出玉米、稻米、高粱、糯米、小麥五種糧食作為釀酒原料配方：稻米糯米各兩成，小麥成半黍半成，川南紅糧湊足數，地窖發酵天鍋蒸。

　　這個「陳氏祕方」，就是後世五糧液的直接前身。從此，五糧液一直以「陳氏祕方」為基礎，並在發酵環境、工藝過程等方面不斷地創新、發展，釀造出了享譽中外的瓊漿玉液。

　　西元一九零九年，「利川永」烤酒作坊老闆鄧子均釀造出了香味純濃的「雜糧酒」。這一天，宜賓眾多社會名流、

酒香千年：釀酒遺址與傳統名酒

酒林奇葩 五糧液酒

文人墨客匯聚一堂，宜賓團練局長雷東垣邀請大家共赴他的家宴。席間，鄧子均捧出了一壇「雜糧酒」，壇封一開頓時滿屋飄香，令人陶醉，賓客飲之，交口稱讚。

這時，唯獨舉人楊惠泉沉默不語，他一邊品酒，一邊似在暗自思度什麼。過了一會，楊惠泉忽然問道：「這酒叫什麼名字？」

鄧子均回答道：「先前稱『姚子雪曲』，不過老百姓都稱為『雜糧酒』。」

楊惠泉「哦」了一聲，又問：「為何取此名？」

鄧子均說：「因為它是由稻米、糯米、小麥、玉米、高粱五種糧食之精華釀造的。」

楊惠泉胸有成竹地說：「此酒色、香、味均佳，如此佳釀，文人雅客稱其『姚子雪曲』，雖雅卻不見韻味；民間名為雜糧酒，則似嫌似俗。此酒既然集五糧之精華而成玉液，何不更名為五糧液？可使人聞名領味。」

眾人紛紛拍案叫絕：「好，這個名字取得好！」從此，這種雜糧酒便以「五糧液」享譽世間，流芳後世。

「五糧液」酒沿用和發展了「荔枝綠」的特殊釀製工藝。因為使用原料品種之多，發酵窖池之老，更加形成了五糧液的喜人特色。它還兼備「荔枝綠」「清而不薄」，「厚而不蝕，甘而不飴，辛而不螫」的優點。

到清代末年，宜賓當地已有德勝福、聽月樓、利川永等十四家釀酒糟坊，釀酒窖池增至一百二十五個。

美酒是一種藝術佳作，有水的外形之「柔」，火的性格之「剛烈」，可謂一個剛柔結合體。五糧液恰恰具有如此獨特的魅力，因而得到了人們的喜愛。中國的酒文化已有數千年的悠久歷史，而宜賓的五糧液是中國酒文化的一個縮影。

中國的名酒分四種香型，每一種香型有一典型的代表。五糧液是濃香型的代表，茅臺是醬香型的代表，三花酒是米香型的代表，汾酒是清香型的代表。每一種酒和產地、氣候帶、水源、土壤關係很密切，還有勾兌技術、包裝、宣傳、祕方這些因素，所以一種酒的產量和銷量是由綜合因素決定的。

酒的東方審美特點，可分為協調美、柔性美、詩樂美。五糧液屬於協調美，它體現了中國酒文化「中庸」的基本精神，達到了不偏不倚、恰到好處的獨特風格。

從技術上來說，五糧液是濃香型白酒的傑出代表，它以高粱、稻米、糯米、小麥和玉米五種糧食為原料，以「包包曲」為動力，依託特異的地域生態環境，由釀酒大師擷取「香泉」之甘露，以著名歷史文化遺存、傳承六百餘年之明代黃泥古窖，特選的優質原輔料，採用代代相傳神妙獨特的工藝，結合高科技，經以陶壇窖藏七年老熟而成。

後來，一些國家曾借用自己的科學技術，分析五糧液古窖泥的成分，試圖培養自己的「老窖」，但都沒有成功。這主要是由於離開了宜賓得天獨厚的環境，很多有益微生物就不能存活。一方水土出一方美酒，獨特的不可複製性，使五糧液成為著名的原產地保護品牌。

酒香千年：釀酒遺址與傳統名酒

酒林奇葩 五糧液酒

　　此後發展出的「五糧液絕世風華」酒，經陳年老窖發酵，長年陳釀，精心勾兌而成。它以「香氣悠久、味醇厚、入口甘美、入喉淨爽、各味諧調、恰到好處、酒味全面」的獨特風格聞名於世，回味悠長，風格典雅獨特，酒體豐滿完美，自古濃香獨秀，風華絕世，不可易地仿製，誠為天工開物，瓊漿玉液，國色天香。

　　詩人白航品嚐了五糧液以後寫出的佳作：「人之頭皇帝，詩之頭李杜，江之頭宜賓，酒之頭五糧液」，宜賓占了兩個頭。

閱讀連結

　　五糧液有三千多年的釀酒歷史，六百多年的古窖，加上以五種雜糧為原料的悠久科學配方，這就決定了其獨特的歷史品位和卓越的品質。五糧液傳承明代古窖的美名，它香得山高水遠，香得地久天長，香醉了人間六百年時光。

　　現在的五糧液主要靠陳釀勾兌而成。五穀釀出的五糧液原酒被稱為「基礎酒」，「基礎酒」按質分級分別儲存，儲存期滿後，勾兌人員逐壇進行感官嘗評和理化分析，根據不同產品在質量和風格上的要求進行勾兌組合，才為成品五糧液。

酒中泰 瀘州老窖

　　瀘州地處巴蜀，瀘州酒的歷史，與源遠流長巴蜀酒文化密切相關。瀘州老窖酒的釀造，集天地之靈氣，聚日月之精華，貫華夏之慧根，釀人間之瓊漿。其施曲蒸釀，儲存醇化之工藝，不僅開中國濃香型白酒之先河，更是中國釀酒歷史文化的豐碑。

　　多年積累成就了瀘州老窖大曲「四百年老窖飄香，九十載金牌不倒」的美譽。白酒專家給予「醇香濃郁、清洌甘爽、回味悠長、飲後尤香」的經典評述。

▌瀘州悠久的釀酒歷史

■瀘州老窖國窖池

　　瀘州地處四川盆地南緣，是四川盆地人類最早出現和聚居的地區之一，是有兩千多年建置史的歷史文化名城。瀘州四周丘陵凹凸，溫熱的氣候和充沛的雨水，孕育出果中佳品桂圓、荔枝，特別是釀酒的最佳原料糯高粱與小麥。

　　正所謂「清酒之美，始於耒耜」，巴蜀出產「巴鄉清」酒，曾是向周王朝交納的貢品。

　　據說巴人曾參加周武王伐紂，建立奇功，得到封賞。其中尹吉甫是輔佐周宣王的重臣。作為全球尹氏華人公認的先祖第一人尹吉甫，是《詩經》的作者之一，也是古江陽人。漢初毛公著《毛詩故訓傳》訓釋詩經及西漢揚雄著《琴清音》時，對其均有所言載。

　　尹吉甫在《詩經大雅》中曾云：「顯父淺之，清酒百壺。」這也為瀘州老窖的發展歷史尋到了直接的源頭。

瀘州釀酒史至少可以追溯到秦漢時期。當時巴蜀地區的釀酒業有了較大的發展，東漢畫像磚上出現了形象的制酒圖，說明此時巴蜀地區已有了較大型的釀酒作坊。

　　在瀘州曾發現有秦漢之際的「陶質飲酒角杯」，專供飲酒賓客之用。而瀘州第八號漢棺上的「巫術祈禱圖」中，高舉酒樽的兩個巫師，再次證明當時瀘州不僅酒好，還有了「以酒成禮」的酒文化，也印證了中國酒文化中「無酒不成禮」的「酒道」。

　　西漢時，巴蜀城邑除釀酒作坊外，還出現了與之配套的批發酒的商舖和零售的小店。

　　據有關合江考古和民俗之作《符陽輯古》一書記載：漢武帝於西元前二三五年，曾派將軍唐蒙拓夷道遠征夜郎國。在唐蒙不辱使命之時，漢武帝下令將蜀南夜郎一帶，分封為符縣，因這裡位於赤水與長江邊，這一地區常年濕潤的氣候與鬱鬱蔥蔥的植被，十分適合五穀的生長與釀酒業的發展。

　　合江的密溪溝隱藏著一個崖墓群，數十座崖墓層層疊疊環繞在山腰上，可能是一個家族墓地。墓中有兩對石棺，其石棺上的「宴飲圖」，應該是最早反映當地飲酒場景的佐證了。

　　在宴飲圖中有一麒麟形酒具，麒麟身負著兩個小桶，拿麒麟的女子寬解羅帶，其醉態嬌憨的模樣，與身邊男子纏綿悱惻的場景，讓人感覺當時這一代的酒文化十分開放，有著歌舞昇平的景象。

酒香千年：釀酒遺址與傳統名酒

酒中泰 瀘州老窖

　　納溪縣上馬鎮也發現一個麒麟青銅器，長三十五釐米，寬二十七點五釐米，身上同樣負著兩個小桶。經研究，這兩處發現的麒麟就是漢代的溫酒器！

　　整個溫酒具以吉祥物麒麟為基本造型，其腹腔為爐膛，尾部為灶門，兩側圓鼓內盛大，與前胸和臀部通聯，水可循環並可從口腔噴出，飲酒時爐膛內放木炭，將酒杯盛酒置於圓鼓內，隨水溫加升而溫酒。

　　麒麟溫酒器構造獨特，情趣生動，在中國古代酒器中尚屬孤品，是酒城瀘州的典型性、代表性器物。

　　此外，瀘州眾多漢代崖墓的石棺，不少石棺上面雕刻了很多涉及酒文化的圖像。如有幅圍獵圖，栩栩如生地展現了院子裡的人在舉杯飲宴，而外面的人在圍獵。從大量的漢代遺物和史料中，可知當時的酒文化已比較發達，瀘州自古就有濃郁的酒文化。

　　漢代瀘州釀酒成風，名家蜂起。著名詞賦家司馬相如的《鳳求凰》中寫道：「蜀南有醪兮，香溢四宇，促吾悠思兮，落筆成賦。」司馬相如之所以能夠「落筆成賦」，那是因為喝了瀘州美酒。

　　三國時期的蜀漢丞相諸葛亮於西元二二五年屯軍瀘州古城，在城幽勢奇的忠山上匿軍演陣，以備南征。當時瀘州一帶瘟疫流行，諸葛亮派人採集草藥百味，製成曲藥，用營溝頭龍泉之水釀製成酒，令三軍將士日飲一勺，兼施百姓，即避瘟疫。曲藥製酒的方法也流傳下來，成為瀘州酒史上的榮光。

巴蜀人釀酒，從來就是自成體系並富有建樹。北魏的賈思勰《齊民要術·笨曲餅酒》中記載了巴蜀人的釀酒方法：

蜀人做酴酒，十二月朝，取流水五斗，漬小麥曲兩斤，密泥封，至正月二月凍釋，發漉去滓，但取汁三斗，穀米三斗，炊做飯，調強軟合和，復密封數日，便熱。合滓餐之，甘辛滑如甜酒味，不能醉人，人多啖溫，溫小暖而面熱也。

文中所說的「酴酒」，即醪糟酒，又稱「濁醪」。此外，北魏地理學家酈道元《水經注·江水》中記載：

江水又逕魚腹縣之故陵……江之左岸有巴鄉村，村人善釀，故俗稱「巴鄉清」，郡出名酒。

巴蜀的酒釀造時間長，冬釀夏熟，色清味重，為酒中上品。其釀酒技術已達到相當高的水平。

閱讀連結

麒麟為民間「鹿」的幻化，鹿寓意奔跑，群雄逐鹿則指戰爭。遠古的蜀南其實是南夷之地，常年巴人與蜀人為爭奪赤水與長江流域的資源發生戰爭，戰火紛飛，人們曾以麒麟為戰鬥勝利的圖騰。待戰火熄滅後，人們倡導農耕，則麒麟作為祥瑞之物，保佑五穀豐登。由於農業生產的發展，糧食產量增加，釀酒得以發展。

以此看來，兼顧戰爭與和平的吉祥物麒麟，是戰火後呈現出國泰民安的一大祥瑞，在巴蜀酒文化歷史上佔有重要地位。

▎瀘州老窖開創新紀元

■瀘州老窖窖池

　　由於釀酒歷史的積澱，瀘州成為了名副其實的「酒城」。而瀘州老窖特曲又是瀘型酒的代表。

　　在瀘州老窖的窖池南側約三百米處營溝頭，曾發現一處古窖址，有一批陶瓷器皿文物，有壺、杯、罐、碗、盤等十多種類酒具兩百多件。經鑑定，該古窖是一個隋末唐初至五代時期主要生產民間陶瓷的窯址。可見當時飲酒即在民間廣為興起。

　　據史載，瀘州在隋代升為總管府，唐代又升為都督府，唐貞觀盛世之年，唐太宗派開國元老程咬金任瀘州都督左領軍大將軍。瀘州當時政治、經濟、文化方面的重要地位，為瀘州酒業的新發展提供了保障。

　　程咬金在任時，對瀘南少數民族釀製黃酒和漢族傳統釀酒術相互交流，促進各民族團結，進一步推動釀酒技術的發展有功。

西元八九二年，大書法家柳公權的侄兒柳玭移任瀘州刺史，他剛進州境，就莊園釀酒作坊的生產方式推動著瀘州釀酒生產的發展。

唐代詩人鄭谷在《旅次遂州將之瀘郡》中寫道：「我拜師門吏南去，荔枝春熟向渝瀘。」春，在古代是酒的別名。所謂荔枝春，就是以荔枝為主體香成分的酒，這表明在當時瀘州荔枝已被作為釀酒原料之一，而且酒的質量較高，足以招徠鄭谷這樣的風流名士了。可見瀘州釀酒的生產和消費在唐代已經相當發達了。

唐代大詩聖杜甫在《瀘州紀行》一詩中寫道：

自昔瀘以負盛名，歸途邂逅慰老身。

江山照眼靈氣出，古塞城高紫色生。

代有人才探翰墨，我來繫纜結詩情。

三杯入口心自愧，枯口無字謝主人。

因為品飲到了久負盛名的瀘州老窖，又到了這座人才薈萃的古城，把盞敘詩，心情自是愉悅而歡快的。因此杜甫不知怎樣答謝主人才好。

唐末五代時期，前蜀著名詞家韋莊在瀘州做官時，經常與文人朋友和詩填詞，共飲瀘州美酒。從「瀘州杯裡春光好」中，可聯想到當時的飲酒之樂，飲酒之趣。

北宋時期，大詩人黃庭堅曾來瀘州住有半年時間，他看到瀘州農業經濟比周圍地區發達，遍地栽種高粱用來釀酒，不由深情吟唱道：「江安食不足，江陽酒有餘。」

酒香千年：釀酒遺址與傳統名酒

酒中泰 瀘州老窖

　　在當時，瀘州的官府人士乃至村戶百姓，都自備糟床，家家釀酒。宋王朝還在瀘州設立市馬場，每年冬至節前後，敘永、古藺、黔邊等地的少數民族按照部落頭人與宋王朝達成的協約，都要到瀘州交售戰馬和其他商品。在這馬隊後面，成千上萬的各族男女，用竹筏運載白樨、糯米、茶葉、麻、獸皮、雜氈、藍靛等農副產品，從江門峽、順永寧河經長江達瀘州，再購買布帛、食鹽和大量瀘酒，運回瀘南山區。這種茶馬鹽酒的貿易一直保留到明清。

　　據宋元時代著名學者馬端臨《文獻通考》記載，西元一零七七年以前，宋王朝每年徵收商稅稅額在十萬貫以上的州郡，全國二十六個，瀘州就是其中之一。當時瀘州所設的六個收稅的「商務」機關中，有一個是專征酒稅的「酒務」，每年徵收酒稅在一萬貫左右。

　　宋代瀘州城裡已有酒窖。宋代詩人唐庚飲瀘州佳釀後，他的一首「百斤黃鱸膾玉，萬戶赤酒流霞。餘甘渡頭客艇，荔枝林下人家」，描繪出一幅令人心馳神往瀘州風情勝景，成為謳歌瀘酒的瑰麗傑作。

　　西元九八三年以來，瀘州已出現小酒和大酒之分，釀酒工藝有了引人注目的變化。所謂「小酒」，即「自春至秋，酤成即鬻」的一種「米酒」，所用原料為「酒米」即糯米。這種酒，顯然只是在氣溫較高的「自春自秋」之際進行。

　　所謂「大酒」，就是一種蒸餾酒，是用穀物做原料，經過臘月下料，採取蒸餾工藝，從蒸餾糊化並且拌藥發酵後的高粱酒糟中烤製出來的酒。經過「釀」「蒸」出來新酒還要

存儲半年，待其揮發部分物質，自然醇化老熟，方可出售，即所稱「候夏而出」。

這種施曲蒸釀、儲存醇化的大酒，酒精濃度高，酒的品質超過小酒。因其從生產到喝酒需要等待近一年的時間，所以價格也就昂貴了許多。

這種大酒在原料選用、工藝操作、製曲蒸釀、發酵方式、儲存醇化以及酒的品質方面，都已經與後世瀘州釀造的濃香型麴酒非常接近，可以說是瀘州老窖特曲的前身。

北宋時期的瀘州美酒已經名揚天下，慕名來瀘州的英雄俠客、文人騷客更多了。

據說，當年的瀘州，每當夜幕降臨、華燈初上的時候，隨便走進一家酒肆，就會見到英雄相見舉杯痛飲的場景。就連一生未曾足履瀘城的大詩人蘇東坡，在喝了友人從瀘州帶來的好酒後，不禁連聲稱道。蘇東坡在《夜飲》一詩中這樣寫道：

佳釀飄香自蜀南，且邀明月醉花間。

三杯未盡興猶酣，夜露清涼攬月去。

青山微薄桂枝寒，凝眸迷戀玉壺間。

蘇東坡的酒興很高，對瀘州酒真是推崇備至，居然邀了明月來共醉瀘州美酒。

南宋時期是瀘州地區發展的又一個高峰。從南宋石室墓來看，相當多的墓畫石上有抱酒壺的僕人，這說明當時民間

酒香千年：釀酒遺址與傳統名酒

酒中泰 瀘州老窖

飲酒已是一種風氣。酒文化一定不能脫離民俗文化，而瀘州老窖則是這種濃郁酒文化的產物。

在元代，瀘州酒業繼續發展。當時有個名叫郭懷玉的瀘州人，聰明過人，十四歲跟人學習釀酒技藝，平時又特別刻苦鑽研。他結合前人的釀酒經驗，經過自己數十年的艱苦探索，在四十八歲時，以全新的曲藥配方和創新工藝，獨家研製成功釀酒麴藥，命名「甘醇曲」，即後來的大塊曲。

郭懷玉在此基礎上對釀酒原料、工藝操作程序、蒸餾方法等，加以綜合性的改造，釀造出了第一代「瀘州大麴酒」。

郭懷玉不僅是瀘州酒業發展史上的偉大改革者，也是第一代濃香大麴酒最早問世的創始人和開山鼻祖，為後世瀘州麴酒業的發展作出了奠基性的重要貢獻。

郭懷玉所研製成功的甘醇曲實際上就是以小麥為原料，透過中溫發酵而成的大塊曲藥，今天中國濃香型大麴酒及名之所即源出於此。

正是這一成果，開創了濃香型白酒的釀造發展史，將瀘州酒業乃至中國酒業推向了一個新紀元。

閱讀連結

郭懷玉其人不僅是瀘州酒業發展史上的偉大革新者，亦是第一代濃香大麴酒最早問世的「創始者」、「開山鼻祖」，為後世瀘州麴酒業的發展作出了奠基性的重要貢獻。他所研製成功的甘醇曲實際上就是以小麥為原料，透過中溫發酵而成的大塊曲藥。

郭懷玉研製的大曲釀造的瀘州老窖大麴酒，在西元一九一五年美國舊金山巴拿馬萬國博覽會上榮獲了國際金獎，以至後來近一個世紀的時間，濃香型酒獨領白酒風騷，占領了白酒消費市場的三分之二以上。

▌明清時期的瀘州酒業

■釀酒發酵工藝

　　明朝時期的瀘州酒業，已經是「江陽酒熟花如錦」的時代。

　　明仁宗洪熙年間，瀘州釀酒史上出現了一個具有代表性的歷史人物施敬章。他於西元一四二五年改進了曲藥中的成分，而且還研製了窖藏釀製法，促使瀘州大曲進入了向泥窖生香轉化的第二代。

　　施敬章研製窖藏釀製法工藝特色，是用缸或桶發酵後，將蒸餾釀出大麴酒轉入泥窖中儲存，讓其在窖中低溫條件下

酒香千年：釀酒遺址與傳統名酒

酒中泰 瀘州老窖

繼續緩慢地發酵，以淡化酒中的燥、辣成分，讓酒體醇和、濃香、甘美，並兼有陳年後酒力綿厚、回味悠長的口感風格。

明天啟年間，瀘州專釀大麴酒的作坊「舒聚源」傳人舒承宗，是瀘州大曲工藝發展歷史上繼郭懷玉、施敬章之後的第三代窖釀大曲的創始人，被後世稱為「酒聖」。

舒承宗原是學文的，後來棄文從武並中武舉，因為仕途不順，於是解甲歸田。

舒承宗繼承舒氏酒業後，直接從事生產經營和釀造工藝研究，總結探索了從窖藏儲酒到「培壇入窖、固態發酵、脂化老熟、泥窖生香」的一整套大麴酒的工藝技術，使濃香型大麴酒的釀造進入「大成」階段，為爾後全國濃香型白酒釀造工藝的形成和發展奠定了可貴的基礎，從而推動瀘州酒業進入到了空前的興旺發達時期。

瀘州舒聚源釀酒作坊，繼承了原來當地的大麴酒生產工藝，除了繼續生產大麴酒外，出現的另外一大奇蹟就是創立了「瀘州大曲老窖」池群，這就是後來人們所稱的「一五七三國寶窖池群」。

自此之後，瀘州老窖釀酒人士為表達對上天沃土的敬重和感恩，一直保持著「二月二」祭天敬地、拜先祭祖的習俗，後來逐漸演變成瀘州老窖的年度盛典，也成為中國白酒行業的年度盛事。瀘州老窖封藏大典的祭祖儀式上，祭祀的就是舒承宗這位國窖一五七三的始祖。

明代瀘州大曲老窖池遺址位於瀘州下營溝，當時約有八個窖池之多，其中最早的窖池四口，都是明代萬曆年間所建

「舒聚源」酒坊傳下來的。這四口窖池縱向排列，均為鴛鴦窖，即每口窖池內兩個地坑，中間以池干分開，糧糟發酵時，兩個池坑作為一個窖池，以提高容量。

鴛鴦窖的每一個坑由兩個小坑組成，對稱均勻，緊緊相依，而兩個小坑又有很細小的區別：一個稍大一點，一個稍小一點，大的謂之「夫窖」，小的謂之「妻窖」，「夫妻窖」或者「鴛鴦窖」也就是取夫妻鴛鴦「長久相伴，不離不棄」之意。在建酒窖的時候，建窖人賦予其「吉祥長久」的美好願望。

這四口老窖池旁有一口「龍泉井」，水清冽甘甜，同窖中五渡溪優質黃泥相得益彰。關於龍泉井，民間還流傳著一個動人的故事。

很久以前，瀘州城南鳳凰山下，住著一戶以砍柴賣柴為生的舒姓父女。有一年的夏天，父親舒老大從山中挑柴路過山谷時，發現有一眼清泉湧出，泉水清澈見底。舒老大見此便放下擔子，用手捧幾口水一喝，頓覺如甘露，使人精神大振，不渴也不餓。接著舒老大面堂發熱，便有了幾分醉意。這時，舒老大突見泉中露出一條紅色大道來，他就跟跟蹌蹌一直順路走去，不知所歸。

天色已晚，女兒不見父歸，心中十分著急，於是舉著松明子火把，沿盤山小道尋父。後來，她終於在一個山坡上找著了似醉非醉的父親，一手還按在一個酒罈上。

女兒追問之下，父親說出了原委。原來前幾天舒老大砍柴時，見一大鳥去吞噬一條小青蛇，他就用斧頭砍死了大鳥，

酒香千年：釀酒遺址與傳統名酒

酒中泰 瀘州老窖

救了小青蛇的性命。那小青蛇恰好是龍王的兒子，龍王得知後，重謝舒老大一壇仙酒，並說：「恩人請帶上這酒，你們父女一輩子也不愁吃穿了。」

舒老大被女兒喊醒後，站起身隨女兒回家，不料路上一不小心把仙酒打翻在一口井中。舒老大舀出井水一喝，真如仙酒一般，父女倆就把這口井稱為「龍泉井」。父女倆挑此井泉水釀成的酒醇香濃郁，清洌甘爽，飲後留香，回味悠長。

父女倆釀出好酒的消息一下子轟動了全瀘州，人們排著長隊爭相購買。從此龍泉井釀就名揚九州了。正因為有了龍泉井，才有了瀘州老窖悠長的酒香。

明代大詩人楊慎對瀘州酒城一往情深，他在詩中寫道：「花騁小市頻頻過，落日凝光緩緩歸。」生動地描述了在瀘州小市飲瀘州美酒後歸家的情景。

楊慎又有詩：「玉壺美酒開華宴，團扇熏風坐午涼。」是說他常常在夏令時節，在小市半山上的一座小園林中果實成熟之際，枝頭紅綠相映，在此邀集詩友聚會。

楊慎還在小園中獨擅風流，開懷暢飲瀘州小市美酒，唱出「江陽酒熟花如錦，別後何人共醉狂」的醉時歌，吐露自己醉臥瀘州的情愫。

清代，瀘州美酒歷經幾朝風雨，更是醇香萬里。上千口老窖池已經形成，釀酒業進入了一個新的時期。到清乾隆時，所產麴酒已聞名遐邇。

西元一七九二年農曆七月初九，「巴蜀第一才子」張問陶寫詩描寫瀘州酒城風貌，成為吟誦這座酒城的千古絕唱。其中有一首七絕詩寫道：

城下人家水上城，酒樓紅處一江明。

銜杯卻愛瀘州好，十指含香給客橙。

四川佳釀多，張問陶偏偏只愛瀘州的老窖，可見此酒的魅力無限。

清代光緒年間，瀘州城下十餘裡江面上密密麻麻停泊著過往鹽米大船，像樹林一樣的船桅，儼然城牆外的又一道木柵。商品流通，極大地促進了當地酒業的發展。

西元一八七九年，瀘州可考的窖酒年產量超過十噸。到清末時，瀘州城裡已經遍佈酒窖。麴酒釀造作坊可考者有溫永盛、天成生、協泰祥、春和榮、永興成、鴻興和、義泰和、愛人堂、大興和、新華等十餘家，年產麴酒兩百四十噸以上。民間流傳「酒窖比井還多」的說法，正是瀘州酒業興旺昌盛的又一見證。

西元一八七三年，「洋務運動」代表張之洞出任四川的學政，他沿途飲酒做詩，來到了瀘州。他剛上船，就聞到一股撲鼻的酒香，頓覺心曠神怡，於是就請僕人給他打酒來。

誰知僕人一去就是一個上午，日到中午時，張之洞等得又饑又渴，才看見僕人慌慌張張地抬著一罈酒一陣小跑而來。

酒香千年：釀酒遺址與傳統名酒

酒中泰 瀘州老窖

張之洞感到很生氣。待僕人打開酒罈，頓時酒香沁人心脾，張之洞連說：「好酒，好酒！」於是猛飲一口，頓覺甘甜清爽，於是氣也消了。

隨後，張之洞問道：「你是從哪裡打來的酒？」

僕人連忙回答：「小人聽說營溝頭溫永盛作坊裡的酒最好，所以，小人拐彎彎，穿過長長的酒巷到了最後一家溫永盛作坊裡買酒。」

張之洞微笑說道：「真是『酒好不怕巷子深』啊。」

瀘州老窖酒傳統釀造技藝中，自原糧進入生產現場起，經過挖糟、下糧、拌糧、上甑、摘酒、出甑、打量水、推晾、下曲、入窖、封窖、滴窖、起糟、堆糟、洞藏、勾調等工序後包裝成品，進入流通環節。

梅瓣碎糧、打梗推晾、回馬上甑、看花摘酒、手捻酒液等，這一系列類似武術功夫的瀘州老窖酒傳統釀製技藝，僅限於師徒之間「口傳心悟」；經歷數十代人的用心領悟和傳承，代代相繼。

這樣一個釀酒過程，幾百年來不知在國寶窖池已輪迴了多少次。其中每個環節緊密相扣，同時卻各不相同，互不干涉的各個環節，卻又配合得默契十足，天衣無縫，沒有誰離得開誰，也沒有誰比誰更重要，因為離開了其中任一環節都無法製出上乘的美酒。

智慧的先人們循自然之法悟出「相生相諧、互補共輝」的釀製之道，這是人性之道，亦是萬物天道。

龍泉洞就在國寶窖池所在的鳳凰山上，洞口就是昔日老窖造酒用的龍泉井。數百年來，酒工們用龍泉井的水造酒，再將新酒儲存於洞中等待其自然老熟，井與洞相得益彰。

瀘州老窖有三個天然山洞：純陽洞、龍泉洞和醉翁洞。洞內終年不見陽光，空氣流動極為緩慢，溫度常年保持在二十度左右。恆溫恆濕、微生物種群豐富的環境為白酒酒體的酯化、老熟提供了優質場所，有助於酒體實現從新酒的「極陽狀態」轉化為陳酒的「極陰狀態」。

進入山洞儲藏的陳酒，經過了漫長時間的陳化，表面已經淡然含蓄了，把所有的刺激性都收斂了起來，而內勁都藏在了酒體之中。山洞因為酒也有了靈性，被譽為「會呼吸的山洞」。

閱讀連結

封藏國窖一五七三的龍泉洞，可以說是專門用於儲藏剛生產好的新酒。新酒火性高，被稱為白酒起初的「極陽狀態」，充滿了新酒的陽剛之氣，酒體刺激辛辣。這時候，陰性的山洞就起了作用，經過一定時間的儲存後，酒體日趨平衡和緩衝，最後變得細膩、柔順。

在瀘州，白酒的「終極狀態」是一種洞藏的狀態。瀘州老窖的儲酒山洞因此被譽為「會呼吸的山洞」。

酒香千年：釀酒遺址與傳統名酒

蜀地瓊漿 劍南春酒

蜀地瓊漿 劍南春酒

　　西蜀文化古城的綿竹，素有酒鄉之稱。綿竹劍南春酒就產於綿竹，因綿竹在唐代屬劍南道，故稱「劍南春」。劍南春酒有著悠久的釀酒歷史。天益老號酒坊遺址就位於綿竹市棋盤街傳統釀酒街坊區，以釀造「劍南春燒貢酒」而聞名天下。

　　劍南春酒歷史悠久，源遠流長，酒品上乘。劍南春酒無色透明，芳香濃郁，醇厚回甜，清冽淨爽，餘味悠長，有獨特的麴酒之香，為中國傳統名酒之一，其品質一直是中國白酒前三名。

▌綿竹玉妃泉的絕世佳釀

■劍南春酒

　　那是在中國東周初年，古蜀國的鱉靈因在蜀中治水有功，受到蜀中民眾擁戴，於西元前六六六年前後稱開明帝，建立開明王朝。開明王朝治蜀三百餘年，蜀地經濟有較大發展，國勢日漸強大。

　　開明王朝時期，蜀西綿竹地方的一位農婦產下六胞胎，有五個男嬰和一個女嬰。產婦分娩以後，因體力衰竭而亡故，其夫無奈之下將最後一個女嬰棄於山溪之旁。

　　女嬰的父親走後不久，一頭到溪邊飲水的母鹿忽然母性大發，以乳汁將其哺活，並且百般呵護，當作自己生的小鹿一般餵養。就這樣，處於絕境中的弱小生命竟奇蹟般地活了下來。

　　轉眼五年過去了，女嬰已經長成了一個活潑可愛的女孩。有一天，女孩的五個哥哥偶然發現了在鹿群中的小女孩，但他們卻互不相識，就把這件事當作一件趣事告訴了他們的父親。

父親聽說後，連忙趕往山中察看，但見一個天真爛漫的赤身幼女和一群野鹿在山森中嬉戲，其玲瓏矯健的身姿宛若仙子下凡。再細看了一會兒，這位山民的心跟著震顫起來，因為這女孩左肩一個紅色胎記，竟然和他五年前所丟棄的女嬰左肩的胎記絲毫不差！於是，就將自己的親生骨肉抱回家中。

　　一轉眼又過了十年，這個女孩越來越美麗，其容貌和身段之美不僅令看見的人心醉神迷，據說只要她到溪邊一站，連游魚都驚羨得沉到水底；只要她到山坡上唱歌，空中飛行的大雁連翅膀也扇不動了，竟從空中跌落下來。綿竹山出了個絕代美女的消息傳遍巴蜀大地。

　　古蜀國的第十二世開明王得知這個消息後，馬上帶著侍從趕到綿竹，親自接見這位山野村姑。當他目睹了這個美如天仙的女孩後，竟被她的美貌驚得目瞪口呆，久久說不出話來，立即下旨將她冊封為玉妃，當天便要接回成都。

　　玉妃捨不得離開生她養她的綿竹山村，於是，美麗善良的玉妃將冠上的四百顆珍珠拋向天空。這些珍珠在空中散而復聚，在落地的一剎那化為一眼清泉，並湧出四百條溪流，在山水間流淌。

　　有了甘甜清冽的泉水，人們從此不再乾渴，農田不再乾旱。為了感念玉妃的功德，人們就把這眼清泉稱為「玉妃泉」。在玉妃泉的滋養下，古蜀國成了天府之國。

　　正所謂「自古名泉必出佳釀」。在古蜀國時期，蜀地人們就已經釀製出了一種酒，被稱為「烤酒」。這種酒有水的

酒香千年：釀酒遺址與傳統名酒
蜀地瓊漿 劍南春酒

外形，清澈透明，也有火的性格，燃燒激情。在長期的歷史發展過程中，烤酒鑄造了蜀地人心胸開闊、充滿激情的性格。

據《綿竹縣誌》中記載：「唯西南城外一線泉脈可釀此酒」，並指出用這裡的泉水蒸烤成酒，清香甘洌，若用別處的水就根本釀不出這樣的酒來。

在古蜀國的西北方向，有一座海拔四千多米的龍門山，與古蜀國遙相呼應。山頂終年積雪，底層冰體融化浸潤，歷經數十公里的岩層過濾，淨化後從山澗泉眼中自然湧出，這就是當地人所說的「玉妃泉」。

玉妃泉屬於冰川水。冰川水是自然界中唯一的非循環水，它封存在原始冰川中，當山頂潔淨的冰雪經過層層滲透，到達數百萬年前的冰川時代地層時，每一滴水都歷經長期的天然滲透，純淨度是江河湖海的循環水所不能比擬的。

冰川水在滲透過程中，有效地吸收了人體所需微量元素，人飲用後可以改善微循環，促進新陳代謝。而古蜀國用冰川水釀造的烤酒，就是後來名揚四海的「劍南春」酒的前身。可以說，冰川水是「劍南春」區別於其他酒種的制勝法寶。

劍南春在蜀地的釀酒歷史有據可查。據考古發現，在四川廣漢三星堆古蜀文化遺址中，發現了大量形態和容量各異的青銅及陶瓷酒具，說明當時古蜀國釀酒業已有相當的工藝和規模。而綿竹距三星堆僅幾十公里之遙，並且同屬馬牧河水系。若以此推算，此地當有四千多年的釀酒歷史。

考古工作者還在綿竹金土村發現了戰國時期的銅壘和提梁壺等精美酒器，說明戰國時期綿竹釀酒業就有可能已經存在並且達到相當的水平。

　　在綿竹市棋盤街傳統釀酒街坊區，分佈著魏晉至宋並沿至明清的「天益老號」釀酒作坊遺址，這是中國歷史最為久遠、保存最完整併仍在生產的傳統釀酒作坊。

　　「天益號」老酒坊發現的器物，均屬魏晉南北朝時期遺物，其中發現南齊紀年磚一件，色青灰，基本完整，中部有豎行銘文「永明五年」四字。同時還發現了青釉盤口壺一件，通體完好，則是東晉時期的酒具。

　　據史籍記載，漢王朝宗室劉焉任益州刺史時，一度將州府遷至綿竹，使綿竹成為當時蜀地的政治、經濟、文化中心。東晉常璩《華陽國志·蜀志》稱：當初劉焉治理綿竹時，「畝收三十斛，有至五十斛」，「水旱從人，不知饑饉，時無荒年」。這充分證明綿竹自古以來農業發達，經濟繁榮。綿竹的先民在富足安定的生活環境下，用智慧創造出了釀酒技藝和豐富的酒文化並且代代相傳。

　　考古發現和史籍記載都說明了劍南春酒文化源遠流長，發源於古蜀國並已延綿數千年。

　　綿竹山水雄奇，物產豐美，唐代時就被道家列為「七十二洞天福地」之一。綿竹所在地域屬於亞熱帶季風氣候，年平均氣溫十五點七度，年平均降水量一零九七點七毫米，平均相對濕度高，年平均日照長，常年溫差和晝夜溫差小，土壤種類豐富多彩。

酒香千年：釀酒遺址與傳統名酒

蜀地瓊漿　劍南春酒

　　這種良好的生態環境不僅適宜種植釀造劍南春的主要原料糯米、稻米、玉米、小麥、高粱等農作物，而且非常適宜多種釀酒微生物的生長發育，並對新釀出的劍南春具有非常好的催成老熟作用。

　　隋唐五代時期，四川沒有遭到大規模的戰爭破壞，經濟發達，在全國具有舉足輕重的地位。唐代時的成都當時有五十萬人口，市場繁榮，酒肆繁多。

　　唐時綿竹隸屬於劍南道，當時即生產出劍南燒春酒。「燒」是指「燒酒」即蒸餾酒，「春」是原指酒後發熱的感受，唐人引之為酒的雅稱，因此「劍南之燒春」指的就是綿竹出產的美酒。

　　唐開元初年，「詩仙」李白在蜀中漫遊，經過綿竹，為了痛飲劍南燒春酒，他瀟灑地脫下自己的貂皮衣服換酒喝，在當地留下了「解貂贖酒，價重洛陽」的千古佳話。

　　晚年避居成都西郊草堂的「詩聖」杜甫，多次遊歷綿竹，暢飲美酒，愜意之餘，題下「蜀酒濃無敵，江魚美可求」的絕句。

　　唐代名酒品牌以四川居多，其中劍南燒春最為有名。杜甫摯友韋續詩云：

燒春譽滿劍南道，把盞投壺興致高。

美景良辰添此物，詩情酌興翻波濤。

　　唐肅宗時期，杜甫漸失望於官場，棄官入蜀，築草堂於成都浣花溪，晚年寓居於此近十年。而韋續此時恰為綿竹縣

令，同是文人，又志趣相投，二人私下相交甚好，飲酒賞竹，題詩贈書，自不在話下，且二人又同愛劍南燒春。相傳韋續的這首七絕即是在與杜甫把酒投壺時即興所為。可見當時的劍南燒春在整個劍南道已富盛名。

　　唐朝百業興旺，綿竹成熟釀酒技藝下誕生的劍南燒春傾動朝野。據舊史記載，西元七七九年，皇帝李適曾經鄭重其事地面諭朝臣，要他們把劍南燒春是否進貢的問題，當作一椿國家大事來討論。劍南燒春在當時的朝野引起不小的震動。

　　在唐憲宗後期的《唐國史補》中，將劍南之燒春列入當時天下的十三種名酒之中。後來，劍南燒春作為宮廷御酒而被載於《後唐書‧德宗本記》。這是唯一載入正史的四川名酒，也是中國至今唯一尚存的唐代名酒，是綿竹酒文化史上一個了不起的成就。因此，劍南春一直以「唐時宮廷酒，盛世劍南春」為傳，流傳後世。它是蜀酒文化中的一朵奇葩。

閱讀連結

　　自西元一九一三年開始，綿竹相繼有五十餘家酒店、酒行、酒莊在成都西市營業，綿竹大曲成為成都「酒罈一霸」。劍南春酒質無色，清澈透明，芳香濃郁，酒味醇厚，醇和回甜，酒體豐滿，香味協調，恰到好處，清洌淨爽，餘香悠長。

　　當代著名書法家啟功賦詩讚：「美酒中山逐舊塵，何如今釀劍南春。海棠十萬紅生頰，卻是西川醉前人。」作家劉心武賦詩：「人間有酒香滿杯，難得劍南春滋味。艱幸獨留自己嘗，幸福贈予天下醉。」

█劍南春釀造技藝的完善

■釀酒作坊

繼唐代以後，宋代綿竹縣與州府並設官監酒務，表明當時綿竹的釀酒業已具有州府一級的規模，是重要的產酒之地。

宋代綿竹釀酒業發展更具規模，史料記載則更為詳實。根據《宋史·食貨志》記載：

紹興十七年，省四川清酒務監官，成都府二員，興元遂寧府⋯⋯富順監官並漢州綿竹縣各一員。

宋代綿竹釀酒技藝在傳承前代的基礎上又有了新的發展，釀製「鵝黃」「蜜酒」。

鵝黃酒，傳承於唐代，酒體呈鵝黃色，醇和甘爽，綿軟悠長，飲後不口乾、不上頭，清醒快。唐代大詩人白居易曾寫有「爐煙凝麝氣，酒色注鵝黃」；「荔枝新熟雞冠色，燒酒初開琥珀香」的絕美詩句。

蜜酒，就是用蜂蜜釀造的酒。亦泛指甜酒。「蜜酒」被作為獨特的釀酒法收於李保的《續北山酒經》，被宋伯仁《酒小史》列為名酒之中。

蜜酒和鵝黃酒的出現，為中國文學史和酒文化史留下了千古美談。北宋大文學家蘇軾與綿竹道士楊士昌的趣聞，南宋大詩人陸游的《劍南詩稿》等許多文壇佳話蘊於其中。

西元一零八零年蘇軾被貶黃州。一零八二年綿竹武都山道士楊世昌到黃州看望蘇軾，與蘇軾同遊赤壁，飲酒賦詩。

楊世昌將蜜酒釀造法送與蘇軾，蘇軾十分高興，作《蜜酒歌》回贈。詩中讚美了蜜酒的香醇，津津樂道宋代綿竹酒「三日開甕香滿城，快瀉銀瓶不須撥」，欣悅酣暢之態，令人樂而忘憂。

陸游在蜀中八年遍嘗美酒，唯對綿竹酒評價最高，「嘆息風流今未泯，兩川名醞避鵝黃」仍不足表達他的愛戀，於是他將自己詩集取名為《劍南春詩稿》。

南宋初，因財政困窘，四川創立了隔槽法，也稱槽釀法。官府酒坊設置隔槽四百所，百姓釀酒者，米一斛須納錢三十文，以增官府營利。

據宋朝當時的史官編寫的《宋會要》記載：南宋初年，為了籌集軍費，時任川陝巡撫處置使的綿竹人張浚從綿竹興旺發達的釀酒稅上得到啟發，於西元一一二九年實施「隔槽法」，鼓勵民間納錢釀酒，次年便使四川酒稅由過去的緡錢一百四十萬緡猛增至六百九十萬緡。此法前後施行了七十餘年。

酒香千年：釀酒遺址與傳統名酒
蜀地瓊漿 劍南春酒

　　這筆龐大的酒稅有力地緩解了南宋王朝的軍需困難，以綿竹釀酒為代表的四川酒業在這段歷史中顯示出巨大的力量。

　　此後，劍南春酒經歷宋元明清的發展，釀造技藝更加完善。

　　明末清初，由於朝代更換而造成綿竹一度農業荒蕪，經濟蕭條，依附於農業發達而產生的劍南春傳統釀造技藝受到極大威脅。直到清康熙年間，綿竹酒業才逐漸恢復，出現了朱、楊、白、趙等較大規模的劍南春釀酒作坊。

　　清康熙年間，陝西三原縣人朱煜見綿竹水好，於是開辦了朱天益作坊。他利用綿竹得天獨厚的自然條件和本地獨有的釀造方法，釀造出了新一代的綿竹大曲。後來，相繼有楊、白、趙三家大曲作坊開業。從此，大麴酒成為綿竹名產，風靡四川乃至全國。

　　清康乾年間，國運昌盛，社會穩定，綿竹酒已達到「味醇香、色潔白、狀若清露」的妙境。《綿竹縣誌》上還詳細記載綿竹大曲的釀造方法。

　　在當時，綿竹全縣釀酒作坊比比皆是，酒家林立。無論是四鄉村落，還是一些雞毛小店，都會看見櫃臺上和方桌上排著一列紅布沙包壓口的酒罈。而四處遊走的零酒擔子更是處處生香，叫賣之聲不絕於途，真是一派「處處有酒，酒香襲人」的景象。川陝滇黔的商人聞香而來，綿竹酒供不應求。

　　清乾隆年間的太史李調元，人稱李太史，他宦遊足跡遍及大半個中國，自謂「一笑市人誰知我，醉來高臥酒家樓」，

並誇口嘗盡天下名酒，是個十足的飲酒行家，但他卻對綿竹大曲有一種特殊的感情。

李調元《函海》一書記有「綿竹清露大麴酒是也，夏清暑，冬禦寒，能止嘔瀉，除濕及山嵐瘴氣」，又說自己「天下名酒皆嘗盡，卻愛綿竹大曲醇」。

清光緒年間，綿竹大曲被列為貢酒。當時綿竹釀酒作坊已有上百家，著名大曲坊已增到十八家，綿竹商貿因此更為昌盛，出現了「山程水陸貨爭呼，坐賈行商日夜圖。濟濟直如綿竹茂，芳名不愧小成都」的繁榮景象。

在劍南春酒天益號老酒坊遺址的部分區域，都發現有宋、元、明、清至現代的連續堆積地層，科學地證實了劍南春酒文化的千年歷史延綿。

天益老號的地上建築格局為清代風格，臨街是青瓦黑漆龍門，進門是三十平方米的天井，天井左面是山牆，正面和左右是抬梁式木結構的槽房，正面槽房地面是一溜明清之前釀酒發酵用的老窖池，右面是烤酒的地方。

這裡尚有清代釀酒用的水井一處，明代水缸一個，清代大曲坊木質吊牌一件，木匾兩件，以及傳統的酒甑、雲盤、雞公車、曬笆、黃桶等大量傳統生產工具。

這裡有一大批和白酒釀造工藝有關的遺蹟，光是酒窖就有二十六口，大的酒窖有兩米深，窖底的黃土因酒糟長年的侵蝕而變得灰白，千年的酒香穿越時空仍然撲鼻而來。

除了酒窖外，天益號老酒坊的括水井、爐灶、晾堂、水溝、池子、蒸餾設施、糧倉和牆基一應俱全，展現了從原料

酒香千年：釀酒遺址與傳統名酒
蜀地瓊漿 劍南春酒

浸泡、蒸煮、發酵再到蒸餾釀酒的全過程，而且古代街坊酒肆布局規模也活生生地展現出來。

在天益號老酒坊中，還發現了大曲窖，不同窖池生產著不同品種的酒類。此外，由遺址還可以清晰看出，從原料浸泡、蒸煮、製曲、拌曲發酵，到蒸餾釀酒、廢水排放，整個中國傳統白酒釀造工藝的全過程一覽無餘。

這批酒坊曲窖遺址的年代，推斷為清代到民國初期，其中大曲窖是清代早期。

天益號老酒坊令人嘆為觀止的是，一千多種精靈般的釀酒微生物，不僅躲藏於比黃金還珍貴的窖泥中，還流動於空氣之中。所形成的龐大的微生物群落，促進了多種風味物質的形成，使劍南春的口感更豐富，層次更全面。劍南春可以說是中國傳統白酒釀造的普遍原理與綿竹獨特的自然生態環境相結合的產物，令人回味綿長。

劍南春酒用小麥製曲，泥窖固態低溫發酵，採用續糟配料，混蒸混燒，量質摘酒，原度儲存等，精心勾兌調味等工藝成型，具有芳香濃郁、純正典雅、醇厚綿柔、甘洌淨爽、餘香悠長、香味諧調、酒體豐滿圓潤、典型獨特的風格。

劍南春酒傳統釀造技藝，因承載於具有「活文物」特性的劍南春天益老號酒坊及酒坊遺址而具有唯一性。劍南春隆盛延續後世，技藝師承日臻精湛，是綿竹酒文化史上不老的傳奇！

閱讀連結

劍南春以高粱、稻米、糯米、小麥、玉米「五糧」為原料，產自川西及成都平原，飲山泉，沐霜雪，上得四時造化之美，下汲地府勝景之精。千年釀酒祕技精工錘煉，薈萃五糧精華，玉液瀾波，香味綿長。

劍南春使用的曲，是採用千百年積累的傳統工藝措施，並結合科學手段而成的獨特品種，依靠這種天然微生物接種製作的大曲藥，不僅能保證產量，更重要的是保證釀製過程中各種複雜香味物質的生化合成。在用曲之道上，劍南春融匯眾長，反覆錘煉，其釀製之酒，得曲之神韻，如絲如緞，飲之可抵十年塵夢。

酒香千年：釀酒遺址與傳統名酒

清香鼻祖 杏花村酒

清香鼻祖 杏花村酒

　　杏花村汾酒有著四千年左右的悠久歷史。杏花村遺址位於山西汾陽杏花村鎮東堡村東北方向，遺址堆積從新石器時代仰韶文化中期一直到商代形成八個階段，真實地展現了汾酒從孕育到誕生的歷史過程。南北朝時期，汾酒作為宮廷御酒受到北齊武成帝的極力推崇，被載入「二十四史」，使汾酒一舉成名。

　　杏花村汾酒是清香型白酒的典型代表，工藝精湛，源遠流長。素以入口綿、落口甜、飲後餘香、回味悠長特色而著稱。

▋杏花仙子釀造杏花村酒

■杏花村酒

　　很久很久以前，中國山西汾陽的杏花村叫「杏花塢」，每年初春，杏花塢到處盛開著杏花，非常好看。

　　杏花塢裡有個叫石狄的年輕人，他膀寬腰圓，常年以打獵為生。初夏的一個傍晚，在村後子夏山狩獵歸來的石狄正走過杏林，隱隱約約聽到一絲低微的哭聲從杏林深處傳來。

　　石狄循聲走過去，發現一個柔弱女子依樹而泣，很是悲切。心地善良的石狄忙問情由，姑娘含淚訴說了家世，才知是因家遭災，父母遇難，孤身投親，誰知親戚亦亡，故無處安身，在此哭泣。

　　石狄頓生憐憫之心，於是領其回村安置鄰家，一切生活由石狄打點。數日後，經鄉親們說合，倆人拜天地結為夫妻。婚後，夫唱婦隨，日子過得很甜美。

　　農諺道：「麥黃一時，杏黃一宿。」正當滿枝的青杏透出玉黃色，即將成熟時，忽然老天爺一連下了十幾天的陰雨。

雨過天晴，被雨淋得裂了口子的黃杏「吧嗒吧嗒」地落在了地上，沒出一天的功夫，滿筐的黃杏發熱發酵，眼看就要爛掉了。鄉親們急得沒辦法，臉上佈滿了愁雲。

　　夜幕降臨，忽然有一股異香在村中飄蕩。石狄聞著異香，既非花香，又不似果香。他推開了家門，只見媳婦笑吟吟地舀了一碗水送到丈夫面前，石狄正饑渴之時，猛地喝了一口，頓覺一股甘美的汁液直透心脾。

　　這時賢惠的媳婦才說道：「這叫酒，不是水，是用發酵的杏子釀出來的，快請鄉親們嘗嘗。」

　　石狄興沖沖地趕忙請村民們來品嚐，大家一嘗，都連聲叫好，紛紛打聽做法，石狄媳婦便一五一十地告訴了鄉親們。隨後，村民們爭相仿效，釀造杏花酒。

　　從此，杏花塢有了酒坊，清香甘醇的杏花美酒也遠近聞名。

　　原來，石狄救的這位姑娘是王母娘娘瑤池的杏花仙子，因不甘王母責罰，才偷偷飄落下凡。杏花仙子見鄉親們遇到了困難，於是便用發酵的杏子釀出美酒，解了眾人之急。

　　由於杏花仙子釀造的美酒香飄到了天庭，王母知道了內情，於是急命雷公電母尋跡捉拿，為上界的神仙們釀酒。

　　一個盛夏的午後，王母站在雲端厲聲喝道：「大膽杏花仙子，竟敢冒犯天規，偷下凡塵，罪在不赦！念你此番人間釀酒辛苦，快將美酒帶回天庭供仙人飲用，如若不然，化爾為雲，身心俱亡。」

酒香千年：釀酒遺址與傳統名酒

清香鼻祖 杏花村酒

　　杏花仙子聽罷，不但不怕，而且還據理力爭。王母一聲令下，一聲炸雷，閃電劈下。待炸雷閃電過後，杏花仙子已不見蹤影。

　　從此，杏花塢一輩輩流傳著杏花仙子釀酒的傳說。每年到杏花開放的時節，村裡總要下一場春雨。據說，那是因為杏花仙子思念親人的淚水。

　　醇香的美酒總是伴隨著美麗的傳說，為中國古老的酒文化增添著獨具風韻的酒之情懷。其實，杏花村釀酒早在幾千年前就開始，並留下了珍貴的遺址。

　　杏花村遺址位於山西汾陽杏花村鎮東堡村東北方向，面積約十五萬平方米，地勢北高南低。遺址第三、四、五、六階段，分別發現了新石器時期仰韶文化晚期、龍山文化早期和晚期以及夏代的酒器。這些古代遺物，真實地記錄了汾酒從孕育到誕生的歷史過程。

　　在杏花村遺址中，酒器品種和數量眾多，除發酵容器小口尖底甕外，還有浸泡酒料的泥質大口甕，蒸熟釀酒用糧的甑、鬲等，盛酒器壺、樽、彩陶、罐以及溫酒器等。

　　其中小口尖底甕的外形整體呈流線型，小口尖底、鼓腹、短頸、腹側有雙耳、腹部飾線紋。「酒」字本來就是釀酒容器的象徵，甲骨文和鐘鼎文中的「酒」字幾乎都是小口尖底甕，乃最早釀酒器的有力證明。

　　杏花村遺址第七、八階段的商代器物中，釀酒器、盛酒器品種、數量顯著增多，而且出現了商代早期的飲酒器玄紋銅爵。這些器物製作精美，色彩鮮豔，紋飾秀麗，工藝水平

已較前幾個階段有了顯著的提高，是商代青銅酒器中不可多得的藝術珍品。

商周時期是中國青銅文化的鼎盛時期，也是酒器形成期。商周青銅酒器並不是一般的日用品，而是一種重要的禮器，它反映了商周時期不可踰越的尊卑貴賤的等級，其紋飾、造型、銘文不僅體現了當時的禮制觀念，也體現了當時人們對美的追求，給後來的雕刻藝術、書法藝術帶來了很大影響，是古代文化藝術史上的一個重要組成部分。

在同一地址中能夠同時發現如此精美、如此數量的酒器，至少說明兩點：

一是商代杏花村酒數量明顯增多，這一帶飲酒風氣很普遍；

二是杏花村酒的質量明顯提高，「美酒配美器」，酒器工藝水平顯著提高，必然反映了釀酒工藝水平和酒品質量已經提高，在全國同時代酒品中已經達到了出類拔萃的水平。

商代是中國古代歷史上第二個朝代，也是當時世界上屈指可數的文明大國之一。當時，農業生產達到了較高水平，農耕規模和糧食收穫量迅速提高。青銅器特別是青銅酒器工藝精湛，式樣考究，品類繁多，達到了當時世界的最高水平。

曲的發明和應用，使中國成為世界上最早將黴菌和酵母菌應用於釀酒生產的國家之一。制酒工藝的進步、酒類品種的增加和飲酒風氣的盛行，都使商代酒類較前代有了突飛猛進的發展。

酒香千年：釀酒遺址與傳統名酒

清香鼻祖 杏花村酒

　　在這樣的社會環境中，汾酒就從中國酒文化的母體中孕育誕生了。但商周時期的汾酒仍屬於黃酒，同後世的蒸餾酒汾酒相比，度數顯然要低，但它比仰韶文化時期的水酒度數要高得多。

　　杏花村遺址釀酒容器的發現，終於揭開了中國酒史神祕的面紗，向世人宣告：中國早在六千年前的仰韶文化中期就已經發明了人工穀物酒。杏花村仰韶酒器是中國乃至世界上最古老的酒器之一，是中華酒文化的瑰寶，為探討中華原始酒文化的起源找到了珍貴的標本，也為研究地球酒史找到了一把鑰匙。

閱讀連結

　　杏花村人工穀物酒的出現，是人類釀酒史上繼人工果酒之後的第二個里程碑，也是人類區別於動物，能夠深刻認識自然、能動改造自然的光輝成果。

　　人工穀物釀酒的釀造從原料、器具到技術，都脫離了自然酒和猿酒的落後狀態，而全部凝聚了人類的智慧和勞動。後世汾酒的色香味只是在仰韶文化時期汾酒基礎上的發展、完善和提高，並無本質的區別，二者構成了順承關係。

南北朝時期的杏花村汾酒

■古代釀酒作坊

　　杏花村汾酒誕生後，經過殷商、西周、春秋戰國、秦漢和魏晉時期，幾千年中國酒文化的哺育，得到了迅速發展。

　　西周的禮樂文明，對西周時期的釀酒、飲酒產生了重大而深遠的影響，從而促進了中國酒業和杏花村酒的發展和轉折。同時，西周酒麴的發明和「五齊」、「六必」的釀酒經驗，也使得釀酒有章可循，酒的質量產生了質的飛躍。也為汾酒的發展確定了方向。

　　伴隨著中國酒文化的不斷豐富和繁榮，汾酒一步步地發展壯大，至南北朝時期，終於以「汾清」酒而成名於世。

　　據《北齊書》卷二十一載，西元五六一年，北齊皇帝武成帝高湛勸侄兒河南康舒王孝瑜：「吾飲汾清兩杯，勸汝於鄴酌兩杯，其親愛如此。」可見當時杏花村汾酒已成為宮廷御酒。

酒香千年：釀酒遺址與傳統名酒

清香鼻祖 杏花村酒

北齊國都有上都、下都之分，上都在鄴，下都在晉陽。武成帝在晉陽經常喝汾清，他勸在鄴的高孝瑜，也要喝上兩杯。而且是從北齊的軍事中心晉陽寫信向康舒王孝瑜推薦汾清酒，表明當時汾清酒質量之高、名氣之大，已經達到「國家名酒」、「宮廷御酒」的級別。

「北齊宮廷酒，後世杏花村」，這是杏花村汾酒可靠的第一次成名，汾酒史上的第一座豐碑。

古時釀酒追求一個「清」字，汾酒在南北朝時期定名為汾清酒，汾指產地汾州。可見它在當時造「清」程度和質量水平之高。武成帝高湛御筆推薦汾清酒，汾州各酒壚遂將高湛尊為「名酒王」，並繪圖供奉。

在汾清成名的同時，汾清的再製品竹葉酒也同樣贏得盛譽。梁簡文帝蕭綱以「蘭羞薦俎，竹酒澄芳」的詩句讚美之。

北周文學家庾信在他的《春日離合二首》中云：「田家足閒暇，士友暫流連。三春竹葉酒，一曲鵾雞弦。」《樂府雜記》解釋說：以鵾雞筋作琵琶弦，用鐵器彈撥。邊喝竹葉酒，邊彈琵琶，興致勃勃。可見這種酒的烈度不大，同後世的汾酒竹葉青「香甜軟綿」的特色是一脈相承的。

一個杏花村，能夠同時出產兩種「國家名酒」，堪為罕見！

魏晉南北朝，是中國民族大融合的時期，廣大百姓透過長期的雜居相處，卻越來越接近，民族融合的進程加快。一些有識之士抓住機遇，採取了一系列開發、改革的措施，促進了社會進步與發展，為釀酒的發展提供了一定的條件。

在這一時期，人們的意識形態發生了異常變化，朝野內外，聚飲、獨飲隨處可見，或借酒澆愁，或寄情思親念友，或飲酒作樂。這種濃厚的飲酒風氣無形中促進了酒業的發展，城鄉酒肆增多。晉朝人慕效司馬相如、卓文君當壚賣酒之風雅，紛紛做起了沽酒業。

南北朝時期的釀酒技術，無論是品種還是工藝，都達到了較為成熟的境地。此時已確立了塊曲的主導地位，酒麴種類增多，酒麴的糖化發酵能力大大提高。釀酒工藝在用曲方法、酸漿使用、發酵方法、投料方法、溫度控制、後道處理技術等方面，都有了重大改進。

北魏農學家賈思勰在《齊民要術》中記載的許多製曲釀酒的技術，與當代釀造黃酒的技藝已經相差無幾，對後世農業和釀酒業影響很大。杏花村汾清酒、竹葉青酒正是在這種背景下，改進工藝、提高質量，進而聞名全國。

汾清酒的質量提高主要得益於豐富的經驗。汾清酒首創的酒麴在山西一帶已經普遍使用。因山西在黃河以東，因而賈思勰在著作《齊民要術》中將此曲稱之為「河東神曲」，並對其大加讚歎曰：「此曲一斗殺粱米三石，笨曲殺粱米六斗，省費懸絕如此。」「殺粱米」意指對去殼高粱米的糖化發酵能力。笨曲是釀酒用的大曲。

這種河東神曲的糖化發酵能力相當於笨曲的五倍。當時，用曲時還採用了浸曲法，進一步提高了發酵速度。

酒香千年：釀酒遺址與傳統名酒

清香鼻祖 杏花村酒

　　浸曲法可能比曲末拌飯法更為古老，大概是從谷芽浸泡糖化發酵轉變而來的。浸曲法在漢代甚至在北魏時期都是最常用的用曲方法。

　　汾清酒的質量的提高，還在於釀酒原料由粟改為高粱。而且蒸糧用的甑由陶質改為鐵質，提高了蒸煮速度和質量，而且釀造工藝更加完善。

　　當時汾清酒在釀造時加水量很少，加曲量較多，而且是在泥封的陶甕中密封發酵，有利於酒精發酵，因而酒度大為提高，醇香無比。按照上述方法釀造的酒，其工藝與後來的蒸餾酒已比較接近。

　　釀造汾清酒所用的「神泉」之水清澈透明，清洌甘爽，煮沸不溢，盛器不鏽，洗滌綿軟。清末舉人申季壯曾撰文讚美這口井的水「其味如醴，河東桑落不足比其甘馨，祿裕梨春不足方其清洌」。

　　杏花村有取之不竭的優質泉水，給汾酒以無窮的活力，馬跑神泉和古井泉水都流傳有美麗的民間傳說，被人們稱為「神泉」。

　　相傳，杏花村有個姓吳的老漢開了個叫「醉仙居」的酒館，一天突然有個老道來這裡喝酒，直喝得酩酊大醉方休。吳老漢問他要錢，道士說造酒的井是他打的，硬是不給錢。後來道士見吳老漢逼得不行，一氣之下，走到井前張口把酒全部吐到井裡。從此，這口井的水就變成又香又美的酒了。

後人還在這裡建了「古井亭」，並以井中之水釀造美酒。《汾酒麴》中記載：「申明亭畔新淘井，水重依稀亞蟹黃。」註解說：「亭井水絕佳，以之釀酒，斤兩獨重。」

從杏花村往西走五公里，有個壺蘆峪。壺蘆峪口有股清泉湧出，清澈見底，終年不斷，人稱「馬跑神泉」。這眼神泉頗有來歷。

相傳古代有個名叫賀魯的將軍，英勇善戰，體恤部下，愛護百姓。一天，他率兵西進，路過杏花村，很遠就聞到了酒香。將士們相互議論：「能到杏花村品嚐一下汾酒，那該多美！」賀魯將軍深知大家的心思，傳令開進杏花村。

杏花村的百姓聽說賀魯將軍的隊伍來了，於是，把儲存多年的好酒拿出來，款待將士們。賀魯將軍高興地喝著鄉親們送來的美酒，真是入口綿，落口甜，飲後餘香不絕。他越喝越高興，連聲誇獎：「好酒！好酒！」

這時，賀魯將軍的戰馬「紅鬃驥」聞到酒味，也昂首嘶鳴。鄉親們忙把酒糟取來，紅鬃驥貪婪地吃了起來。

賀魯將軍對鄉親們的款待十分感激，但是軍情緊急，不能久留，在痛飲美酒之後，即傳令將士們繼續西進。

大隊人馬行至壺蘆峪，酒性漸漸發作。賀魯將軍和將士們都口乾舌燥，希望能找口水喝，但連一滴水都沒有找見。

這時，只見紅鬃驥也在不停地打著轉，馬蹄不斷地往地下刨，越刨越深，顯得很興奮的樣子。就在將士們莫名其妙之時，忽見紅鬃驥頭一低，腰一弓，一聲長嘶，在馬蹄拔出之處，一股清澈的泉水噴湧而出。

酒香千年：釀酒遺址與傳統名酒

清香鼻祖 杏花村酒

賀魯將軍和將士們喜出望外，紛紛奔上前去，暢飲泉水。泉水甘甜爽口，將士們喝了後精神十分振奮，都稱讚這是一股「神泉」。

就在賀魯將軍西進離去不久，這裡連續好幾個月大旱，杏花村的莊稼樹木枯黃了，釀酒的井水也瀕於乾涸，而唯有神泉的水長流不斷，附近的人們紛紛趕來挑水，澆灌禾苗。杏花村的人們也到壺蘆峪運水釀酒。

同時，人們感覺用此泉釀出的酒，和用神井釀的酒一樣清爽甘甜，芳香撲鼻。這一年，杏花村在大旱之年獲得了豐收，杏花村釀酒業也更加興旺發達，以後人們便稱此泉為「馬刨神泉」，諧音稱為「馬跑神泉」。

杏花村還有一個大池，相傳當年「八仙」之一鐵拐李有一天酒癮大發，於是便騎馬來到杏花村，大過酒癮，喝了三天三夜，終於醉倒在一個小池邊。後人稱這個池子為「醉仙池」，它的形狀很像鐵拐李背著的酒葫蘆。

閱讀連結

在汾陽地區出土的文物中，魏晉南北朝時期的酒具比較豐富，如陶瓷酒器有北魏長頸彩陶壺、北齊蝦青釉四系酒罐、北齊灰青釉四系圓腹罐、北齊青黃釉斂口罐等，均與河北北齊高潤墓的酒罐相符。

這些出土文物，從一個側面反映了魏晉南北朝時期的造酒技術，也反映了汾酒文化在魏晉南北朝時期的發展狀態。

唐代汾酒釀造工藝大突破

■釀酒發酵工藝

唐王朝建立後，唐太宗李世民致力於調動人民的生產積極性，使全國農業、手工業迅速發展。同時，唐時中外文化的廣泛交流，使西域的一些先進的釀酒術和優質酒品，也傳至內地，促進了唐代酒業的發展。

正是在這種情況下，中國的黃酒向蒸餾白酒轉變，這是中國酒史上劃時代的進步，而這個偉大的轉變，就是從汾州杏花村開始的。

唐代的杏花村，是由北方軍事中心太原通往皇都西安的必經要驛。無論文武百官，武舉詩人，鄉士訪學，凡路經者都要知味停車，聞香下馬，以品嚐杏花村為樂事。這自然促使杏花村酒業興旺，各個酒坊不斷改進工藝，提高質量。

這時，汾酒在汾清酒的基礎上進行了兩項劃時代的工藝突破。

酒香千年：釀酒遺址與傳統名酒

清香鼻祖 杏花村酒

首先是「乾和」釀造工藝的發明。乾和汾酒選用優質粱米為原料，以河東神曲為糖化發酵劑。蒸米時，鍋底水加入花椒以串味，將飯搗爛冷卻，加曲進行糖化，浸泡數十天。

壓榨取得第一次酒液後，再加入粱米，蒸制、冷卻、加曲、進行第二次糖化。然後將第一次酒液加入第二次糖化醅中，入缸密封，經陳釀、壓榨、過濾等工序而成。

其次，杏花村汾酒率先將蒸餾技術使用到釀酒中來，在乾和工藝的基礎上，兩次發酵，兩次蒸餾，形成了熟料拌曲、乾和入甕發酵、蒸餾制酒的最新工藝，這也就是現代汾酒工藝的雛形。

以此法所得之酒，清澈如水，醇香甘冽無比。名聞遐邇，來村品飲者絡繹不絕，每在酒後，都以此酒議名。有因見其度高最易點燃，稱為「火酒」、「燒酒」；有視其無色透明，稱為「白酒」，因產於汾州杏花村又稱為「汾白酒」或「杏花白」，有的還叫「汾白乾」、「老白乾」。

蒸餾酒傳進朝內，試飲絕佳，令州進貢，並因其乾和入甕的獨特釀造技術而定名為「乾和」，又叫「乾釀」、「乾酢」。從此，乾和汾酒遂成為朝廷貢酒，馳名全國。

唐代高度發達的文化事業與高度發達的釀酒業和飲酒習俗相結合，創造了絢麗多彩的唐代酒文化。唐代酒詩名家之廣、數量之多，歷代均不可比，特別是李白、杜甫、白居易都是聞名的世界級酒詩大家。唐代大書法家張旭、懷素和大畫家吳道子、鄭虔等也都留下了與書畫結緣的千古名作和佳話。

李白兩次出遊太原。在途中，李白攜客到杏花村品嚐乾和汾酒，醉中校閱了郭君碑。郭君為唐代將領，有戰功，死後葬於杏花村東北，碑文為虞業南所書。

《汾陽縣誌》中「汾酒麴」記錄了此事：

瓊酥玉液漫誇奇，似此無慚姑射肌，

太白何嘗攜客飲，醉中細校郭君碑。

李白因匆忙訪友，在杏花村未留詩句，只在離別汾陽時，寫過一首《留別西河劉少府》詩，西河是汾州別稱。

李白回到太原，日飲乾和汾酒，眷戀故土，靈感猶多，寫下不少詩句，如《太原早秋》：「夢繞邊城月，心飛故國樓。思歸若汾水，五日不悠悠。」還有《靜夜思》：「床前明月光，疑是地上霜。舉頭望明月，低頭思故鄉。」雖思鄉心切，但轉念又寫出了：「瓊杯倚食青玉案，使我醉飽無歸心。」看來，只要有像乾和那樣的好酒，他連家也可以不回了。

唐代大詩人杜甫的祖父曾為汾州刺史，杜甫幼時常來汾州留居，正是乾和汾酒使杜甫對酒上了癮、增了量，並轉變為詩的催化劑。

杜甫的酒名雖不如李白，但嗜酒卻有過之而無不及。杜甫十四五歲時，酒量便大得驚人，世稱「少年酒豪」。正如他在詩中自白：「往昔十四五，出遊翰墨場。性豪業嗜酒，嫉惡懷剛腸。飲酣視八級，俗物多茫茫。」

在李肇撰寫的《唐國史補》中，也有「河東之乾和、葡萄，郢州之富水，烏程之若下」之語。

酒香千年：釀酒遺址與傳統名酒

清香鼻祖 杏花村酒

晚唐詩人杜牧於會昌年間在池州任刺史時，曾游訪杏花村，寫下了名作《清明》詩：

清明時節雨紛紛，路上行人欲斷魂。

借問酒家何處有？牧童遙指杏花村。

這首詩含蓄地、但很藝術地表達了他在杏花村酒家小酌乾和汾酒，避雨、消遣的欣喜之情。

杏花村內有一口鑿於唐代的古井，此井為青磚砌壁，深三米，井徑零點八米，據傳便是杜牧在時而作。

在乾和汾酒名傳全唐的同時，竹葉青酒也有了進一步發展，被詠唱傳誦。初唐詩人王績在《過酒家》詩中贊曰「竹葉連糟翠，葡萄帶曲紅」。

乾和汾酒為唐代的大詩人們帶來了無盡的情思，個中滋味，後人只能從詩中細細品味，賦予遐想。

自唐至清，杏花村昌盛繁榮，亭臺樓榭，茅屋酒帘，十里杏花，燦若紅霞。「黃公酒壚」成為當地著名景區之一。

唐代圍繞酒還出現了一系列的文化娛樂活動，諸如詠詩、酒令、樗蒲、香球、投壺、歌舞、蘸甲等，匯成了熏染一代的飲酒風俗，使古老的中國酒文化得到了既廣泛又深入的發展。

閱讀連結

相傳杜牧在池州任刺史時，經常帶著他的官妓程氏到這一帶飲酒作詩，程氏能歌善舞，懂詩作詞，深得杜牧的喜愛。

在唐代，縣令、縣尉都在全國範圍內調動，不能帶家屬，杜牧當時四十多歲，許多生活料理都是官妓程氏長期服侍，這樣，就成了他的次妾，當時唐代明文規定，所有地方官不能娶民間的女子作妻妾，杜牧只好將已懷孕的程氏嫁給了石埭縣長林鄉鄉紳杜筠，生下了杜牧的兒子杜荀鶴，後來人們改稱程氏為鶴娘。

宋元時期汾酒的製曲釀酒

■汾酒酒窖

從隋、唐、宋、遼、金一直到元代，使用「乾和」工藝釀造的汾酒，連續八百年稱雄酒罈，歷數代而不衰，成為世界酒文化中的一大奇觀。

兩宋時期，宋與遼繼而與金之間長久對峙，自然要以國家的財力物力為代價，釀酒業再次為填補國家的財政缺口發揮重要作用。

「國酒昌，汾酒興」。宋時，杏花村酒家林立，產銷兩旺，每年端午節時都要舉辦「花酒會」。屆時，各地的名花異草，

酒香千年：釀酒遺址與傳統名酒

清香鼻祖 杏花村酒

陳年美酒，雲集杏花村，遠近客商百姓，紛紛趕來品酒賞花，熱鬧非凡。

特別是八槐街車水馬龍，甘露堂、醉仙居、杏花春等酒家紛紛翻新房屋，增加鋪面，酒旗高掛，並集資建了大戲臺，與周圍的老爺廟、真武廟、郎神廟和宏偉的護國寺渾然一體，氣勢非凡。以八槐街為中心，逐漸形成了多達七十餘家酒壚的酒鄉鬧市。其中甘露堂、醉仙居門執紗燈上書寫「太白遺風」大字，特別醒目。

宋時，汾酒仍稱為乾和，每年向朝廷貢酒，均由甘露堂大酒肆提取，故宋時汾酒又被稱為「甘露堂」。張能臣《酒名記》載：「汾州甘露堂最有名。」甘露堂成為當時汾酒「乾和」工藝的代表。

當時汾州所產「羊羔酒」也很有名氣，《北山酒經》詳細記載了其釀法：

取肥嫩之羯羊肉，加水煮爛，肉絲加於米之上蒸飯，肉汁在蒸飯過程中加入米飯內，或在下釀時加入米飯中，釀法同其他酒。由於作料加入了羊肉，因而味極甘滑。

《北山酒經》中提出，判定酒麴好壞的主要標誌，是曲中有用的黴菌長得多少，「心內黃白，或上面有花紋，乃是好曲。」這成為後世初步判定汾酒大曲青茬曲的質量標準。這種技術上的綿延流傳，也證明了汾酒在宋代的製曲釀酒技術之高。

《北山酒經》中又載：「竹葉青曲法」和「羊羔酒法」在原來曲子配方的基礎上又加進了川芎、白朮、蒼耳等，以增加酒的風味。這和後世竹葉青酒的做法已比較接近。

歷史小說《金瓶梅》中有「一杯竹葉穿腸過，兩朵桃花臉上來」的對聯，說明竹葉青酒在當時名氣之大，流傳之廣。

汾酒歷經唐宋的重大發展、轉變後，在元代開始出口西歐，汾酒代表著中國酒業一步步走向成熟，走向國外、躋身於世界名酒之列。

元代，中國的蒸餾白酒得到了較大的發展和普及，尤其在北方逐步與黃酒平分秋色。杏花村在宋時發展起來的羊羔酒，在元代經過工藝改革，成酒後色如冰清，香如幽蘭，味賽甘露，即成酒中絕佳，很快聞名全國。

不僅國人稱道，連洋人也嗜飲，政府於是將羊羔酒以中國特產出口英、法等國，並在出口酒瓶上貼上杏花村商標，商標上尚有一副題聯：「金鐙馬踏芳草地；玉樓人醉杏花天。」這是中國第一次貼標出口。從此，山西杏花村的羊羔酒便在世界嶄露頭角，為中華美酒增光添彩。

至元末，杏花村各酒坊所產之酒作為汾州府最重要的特產，幾乎成了汾州府的代名詞。故而杏花村各酒坊的酒開始被統稱為「汾酒」，遠銷省外和國外之酒則署名「山西汾酒」。

金遼時期，汾陽地區的酒具比較豐厚，而且地方特色非常明顯，如遼三彩龍把葫蘆瓶、白釉雞首齋、白釉雞冠壺；金代黑釉堆貼人頭紋雙系把流壺、褐釉雙魚酒瓶，等等。

名酒配名器，相映競爭輝，使得汾酒文化和中國酒文化更加流光溢彩。

閱讀連結

從史料中可知，以「乾和」工藝為特色的汾酒，經歷了隋、唐、宋、遼、金直到元仍有名，是六個朝代的「國家名酒」。同時也說明，汾酒在西元五六一年至五六四年間，以「清酒」的技術革新一舉成名之後，又在工藝上有了大的突破。

比如，元代宋伯仁《酒小史》羅列當時全國名酒，「汾州乾和酒」、「乾和仍有名」又列其中。

▌明清時期汾酒的繁榮振興

■明太祖朱元璋畫像

西元一六三八年，朱元璋稱帝，建立大明王朝，改元洪武。而就在同一年的正月，離帝都千里之遙的山西杏花村，有一家酒坊換了新老闆，老掌櫃因病去世前，把酒業和女兒一起託付給了徒弟劉嘉杰。

大明王朝新建，百廢待興，朱元璋面臨一件非常重要的事，新王朝需要發行新貨幣，並頒布制錢，他計劃在國庫裡把元代的錢幣熔化重新鑄造。但前朝撤退時搬空了國庫的銀子，於是朱元璋下令各個地方要員想辦法籌錢。

在山西負責全面工作的將軍郝景田接到皇帝的命令後，急忙召下屬文武官員商討對策。可是幾天下來，也沒想出好辦法。最後，他在全省張貼了一個佈告，凡大明百姓，能想到籌錢方法者，如能採用，呈報皇帝獎勵，可提升為官員。另一方面在私下里卻傳出一條消息：對一毛不拔的富豪，朝廷絕不手軟。

佈告一經張貼，山西就沸騰起來了，應者如雲。民眾想盡種種方法，希望博得一官半職，但大多都不切實際，或者冒犯皇帝忌諱，皆不敢採用。

消息傳到了酒坊老闆劉嘉杰的耳朵裡，剛接手生意的他，不被朝廷收繳家產成了他當前最大的事情。他聽說城裡有幾家大商行因為不捐款都被抄家了，這讓劉嘉杰感到坐立不安。

一番思索劉嘉杰找到郝將軍，與其他獻策者不同，他直接對將軍說：「我願意捐獻紋銀一萬兩。」將軍不解，劉嘉杰解釋道：「皇帝還我華夏衣冠，我輩商人，不能左右侍候，也不能征戰沙場，唯有獻上些許銀兩，以資國家。」

郝將軍大喜，表示要呈報皇帝，獎勵他的行為。但是劉嘉杰卻拒絕了，這讓郝將軍更加高興。

回到酒坊後，劉嘉杰苦思如何才能宣傳到位，在捐出的上萬兩銀子當中找回一些損失來。劉嘉杰心想，皇帝要鑄銅錢，何不直接在銅錢上做文章呢？自家產的酒取名杏花村，一則因為產地，二則取了大詩人杜牧的詩意「牧童遙指杏花村」，可不可以在銅錢背面鑄一個牧童呢？

劉嘉杰將這個想法稟報給郝將軍，將軍同意他的方案。山西新印製的銅錢，採取政府統一的模具，正面印製「洪武通寶」，背面則是牧童騎牛吹笛的圖案。

當成品流行於市的時候，所有的人都感到十分好奇，人們紛紛詢問這圖案是什麼意思，後來大家都知道了劉嘉杰掌櫃捐資助軍的事情。就這樣，汾酒「杏花村」名聲大振。

一年後，大明王朝走上了正軌，為避免落人口實，劉嘉杰取消了在銅錢上印製的廣告，但前期的制錢早已流通民間，「杏花村」的大名無人不知了。

杏花村中有一座粉牆青瓦的建築，被稱為「陸舫」。據歷史記載，最初是一座小橋，由於風景優美引得無數才子佳人來此賞景敘情，到明朝時貴池縣令成都人張燦垣修建了一下，取名「陸舫」。

杏花亭則是當年為一些文人墨客來這裡會友觀景而特別建造的。此亭最早在明嘉靖年間由山西蒲州人張邦教興建的，並撰聯「勝地已無沽酒肆，荒村忽有惜花人。」後來此亭又

於崇禎年間由時任池州知府的顧元鏡重修。亭內書有杜牧《清明》詩中的石碑而成為杏花村的象徵。

明代王世貞在《酒品》中曾稱讚汾酒說：

羊羔酒出汾州孝義等縣，白色瑩澈，如冰清美，饒有風味，遠出襄陵之上。

明末愛國詩人、書法家和醫學家傅山，曾為杏花村申明亭古井親筆寫了「得造花香」四個大字，說明杏花井泉得天獨厚，釀出的美酒如同花香沁人心脾。釀造名酒，必有絕技。

明末時，李自成進軍北京，路經杏花村暢飲汾酒，讚譽為「盡善盡美」。

到了清代，杏花村汾酒業繼續發展。唐時杏花村有七十二家酒作坊，經過明末清初的發展，至清中其更增至兩百二十餘家。

西元一七三六年，二十六歲的乾隆皇帝登基，他這時已經注意到了市場上直線上升的糧價。很多大臣也都向乾隆皇帝進諫，要禁採麴酒，因其消耗糧食較大，怕大災之年糧食供應沒有保障。乾隆皇帝年紀雖輕，但行事老成，並未斷然下旨，而是要求各地匯報採麴酒的情況，再作決定。

在眾多的奏摺當中，甘肅、山西巡撫所上奏摺中出現了「汾酒」，這是「汾酒」稱謂在正史中的第一次出現，進一步佐證了汾酒的歷史。

酒香千年：釀酒遺址與傳統名酒

清香鼻祖 杏花村酒

　　西元一七三七年農曆八月初五呈給乾隆皇帝的《甘肅巡撫德沛為陳燒酒毋庸嚴禁以免國法紛紜事奏摺》中，記載了用汾酒稱謂陳奏：

　　查甘省燒酒，向用糜谷、大麥。計其工本、通盤核算，每糜麥一斗，造成燒酒，僅獲利銀五分。緣利息既微，且民鮮蓋藏珍重糜谷，是以無庸官嚴禁，而小民自不忍開設。至通行市賣之酒，俱來自山西，名曰汾酒。因來路甚遙，價亦昂貴。唯饒裕之家，始能沽飲；其蓬戶小民，雖欲飲而力不勝也。是省非產酒之區，向鮮私燒之弊，似可毋庸置議。

　　奏摺中的一個「俱」字，生動地說明了汾酒已然成為當時暢銷甘肅，名傳西北的名酒品牌。以至於無數小販甘願經歷遙遠的路途來引進山西汾酒。

　　西元一七四二年農曆十二月十八日呈給乾隆皇帝的《護理山西巡撫嚴瑞龍為報地方查禁酒麴及得雪情形奏摺》中，也記載有用汾酒稱謂的奏報汾酒：

　　第查晉省燒鍋，唯汾州府屬為最，四遠馳名，所謂汾酒是也。且該屬秋收豐捻，糧食充裕，民間燒造，視同世業。若未奉禁止以前所燒之酒，一概禁其售賣，民情恐有未便。

　　從這份奏摺則可以看出，山西汾州府的釀酒業至少在清乾隆時期已經非常鼎盛，汾酒更是酒中奇葩，四遠馳名。當地的百姓則世世代代以釀酒為生，積累了豐富的釀酒經驗。

　　這兩份奏摺，乾隆皇帝都作了硃批，並且對山西汾酒情有獨鍾。經山西巡撫多次上奏，最後未被列入查禁行列。

清代乾隆晚期文學家、大詩人袁枚編纂的《隨園食單》被公認為中國飲食文化的經典，他在介紹山西特產汾酒時描述說：

既吃燒酒，以狠為佳，汾酒乃燒酒之至狠者。餘謂燒酒者，人中之光棍，縣中之酷吏也。打擂臺，非光棍不可；除盜賊，非酷吏不可；驅風寒消積滯，非燒酒不可。

袁枚把汾酒比作光棍、酷吏，可見汾酒度數之高，口感之烈。

西元一八七五年，汾陽的一個王姓鄉紳在杏花村創立了「寶泉益」酒作坊，以產「老白汾」酒而聞名於世。

西元一九一五年，寶泉益酒作坊兼併「德厚成」和「崇盛永」，易名為「義泉泳」。就在這一年，老白汾酒在巴拿馬萬國博覽會獲甲等金質大獎章。

當時的《並州新報》以「佳釀之譽，宇內交馳，為國貨吐一口不平之氣」醒題，向國人歡呼日：「老白汾大放異彩於南北美洲，巴拿馬賽一鳴驚人。」自此，老白汾酒響馳中外，名震四海。

閱讀連結

汾酒是清香型白酒的典範，堪稱中國白酒的始祖，中國許多名酒如茅臺、瀘州大曲、雙溝大曲等都曾借鑑過汾酒的釀造技術。

釀造汾酒是選用晉中平原的「一把抓高粱」為原料，用大麥、豆製成的糖化發酵劑，採用「清蒸二次清」的獨特釀

造工藝。所謂「人必得其精，水必得共甘，曲必得其時，高
粱必得其真實，陶具必得其潔，缸必得其濕，火必得其緩」。
在後世汾酒釀造的流程中，它仍發揮不可替代的關鍵作用。

第一酒坊 水井坊酒

　　水井街酒坊遺址是一座元、明、清三代川酒老燒坊遺址。水井街酒坊上起元末明初，歷經明、清，呈「前店後坊」布局，延續六百餘年從未間斷生產，是中國古代釀酒作坊和酒肆的唯一實例，被認定為「中國最古老的酒坊」。

　　水井坊酒傳承酒文化之精粹，歷久彌新，詮釋了中國白酒的功能及酒的美學內涵，點點滴滴皆為天地靈氣，是中國古代勞動人民的智慧的結晶。

▌水井街佳釀水井坊酒

■成都水井坊牌坊

　　元末明初的成都府，有一條地處東門之勝的水井街，是成都的水陸交通輻輳之地。達官、文人時常在此登臨覽勝、吟詩填詞，市民百姓們亦紛紛在此娛樂聯歡，車水馬龍，商賈雲集。

　　當時，有一個姓王的小客商在水井街建造一個小酒坊。酒坊的主人精於釀酒技藝，擁有自己的酒鋪是他畢生的心願所聚，籌謀已久，幾經奔波，終於開設了一家前店後坊式的酒作坊。

　　其實，王客商之所以在此地開酒坊，除了因為這一帶人員流動大以外，更主要的是因為這裡有一塘好水，也就是後來的「薛濤井」。這裡的水清澈甘甜，正是釀酒的最佳水源。

　　薛濤井是人們為紀念唐代女詩人薛濤而命名的。薛濤出身貧寒，而才華出眾，在成都度過了她的一生，和當時的元稹、白居易、牛僧儒、令狐楚、裴度、嚴綬、張籍、杜牧、劉禹錫等這些文豪，競相唱和，寫了大量詩篇，其中有不少

是歌頌大好河山、關切勞動人民疾苦的佳作，對中唐文化的發展造成了一定的作用。薛濤的《洪度集》以及她創製的「浣花籤」一直流傳千年，影響深遠。

薛濤井之說，始於明代，宋、元以前不見記載。據明代何宇度《益部談資》及曹學佺《四川名勝志》，薛濤井舊名「玉女津」，水極清澈，石欄環繞，為明代蜀地地方官制籤處，每年三月初三，汲此井水造薛濤籤二十四幅，入貢十六幅，餘者留藩邸自用，從不在市間出售。

由此可見，當時的「玉女津」，還在為仿效當年薛濤在浣花溪製造浣花籤而提供井水。

明代文學家楊慎《別周昌言黃孟至》有云：「重露桃花薛濤井，輕風楊柳文君爐。」這是詩歌中第一次出現「薛濤井」的例子。

明天啟年間成書的《成都府志》對薛濤井有更多的記載：「薛濤井，舊名玉女津，在錦江南岸，水極清澈，石欄周環，為蜀王制籤處，有堂室數楹，令卒守之。」

年復年年，錦江有時水漲水消，殃及池塘和附近農田，因此又在「玉女津」前建「回瀾塔」，後建「雷神廟」，以鎮水怪。至明末，「玉女津」也由於歷年變遷，漸漸地縮小成為了井的模樣，僅供當地住戶取水使用了。大家為了稱呼方便，約定俗成，就這樣把這裡叫成了「薛濤井」。井的旁邊就是滔滔錦江，四周田疇縱橫，樹影婆娑，雲霧靉靆。

酒香千年：釀酒遺址與傳統名酒

第一酒坊 水井坊酒

「薛濤井」的左面是水碼頭，右面是清水池塘，地下水脈與錦江相連。因為塘底是由多層沙石構成，所以塘水清洌，澄澈照人，是釀酒用水的最佳選擇。

元末明初之際，王客商就是利用一塘好水即薛濤井的水釀酒。從那時起，酒坊自釀的美酒香遍府河、南河交匯一帶無數大街小巷。

由於王客商的成功，後來水井街地區酒坊增多，如外東星橋街的周義昌永糟坊及謝裕發新糟坊，水井街的胡慶豐隆糟坊，中東大街的楊義豐號糟坊和彭八百春糟坊，外東大安街的傅聚川元糟坊，錦江橋的鄧新泰源大曲燒房和陳大昌源糟坊。當時的水井街有名的酒有「錦春燒」、「天號陳」等。

明代末年，水井坊很可能毀於火災，之後被廢棄。清代初年，有一個釀酒世家的王姓陝西人來到成都，他看到水井坊這個廢墟，認為這裡是一個釀酒寶地，於是就把它買了下來，開始釀酒，經營酒坊。

王家酒坊繼承了老品牌「錦春燒」、「天號陳」，開發了「薛濤酒」等新酒，事業也是越做越大，越做越知名。薛濤酒即是用薛濤井的水精心釀製而成的。當時的成都知府冀應熊曾手書「薛濤井」三字，勒石立於井前。

西元一七八六年，王姓三代孫將酒坊設在了香火極盛的大佛寺附近，名「福升全」，一是看中了大佛寺的風水寶地，二是看中了附近的薛濤井。

福升全採用薛濤井水釀酒，釀出的酒品質絕佳，一傳十，十傳百，不久「水井坊」就遠近聞名了。許多人慕名而來，

還有人托親友代購，為的就是要好好地「品一品水井坊的酒」。

西元一七九五年，成都學使周厚轅來到成都，先在杜甫草堂、武侯祠題寫之後，又來到薛濤井旁，雅興盎然、浮想聯翩。他推斷薛濤井水既可汲來制籤，那麼薛濤應該就住在此地，於是即興手書了唐代詩人王建《贈薛濤詩》：

萬里橋邊女校書，枇杷巷裡閉門居。

掃眉才子知多少，管領春風總不如。

周厚轅又自己另外寫了首《薛濤井詩》，然後將兩首詩刻石附立「薛濤井」兩旁，並修建成了牌坊的形式。

因為水井坊的酒是汲薛濤井水釀製的，所以當時的名人雅士總愛將水井坊與薛濤、薛濤井聯繫在一起。清代詩人馮家吉在某次美酒微醺的時候，寫了《薛濤酒》一詩：

枇杷深處舊藏春，井水留香不染塵。

到底美人顏色好，造成佳釀最熏人。

才女薛濤聰明過人，美麗過人，薛濤井水清澈甘甜，是釀酒的最佳水源，所以才有了「水井坊」薛濤酒的香味雋永，回味悠長。同時，也因為有了水井街這樣的風水寶地，有了水井坊這樣的名酒釀造廠，薛濤井水的「內秀」才得以彰顯。

西元一八二四年，歷時數十年的福升全已是成都的老字號了。這時的福升全正面臨著擴大經營。為了光大老號，福升全的老闆在城內暑襪街建立了新號，取福升全的尾字作首字，更名為全興成，所釀之酒名為「全興大曲」。

　　隨後，周圍的餐館似乎都成了以全興燒坊為主的飲食配套系列。遠遠近近的客人，不論走進哪家館子，全興酒都成了他們解乏消愁的最佳選擇。「全興酒」甘醇、濃香、爽口、綿甜，超過「薛濤酒」，酒盛至極！

　　清代著名小說家李汝珍《鏡花緣》中將「成都薛濤酒」列入全國五十餘種名酒之中。

　　經過幾代釀酒名師的精心培育，水井街的好酒不僅名動成都府，更是遠傳出川西壩子，整日裡大江南北前來沽酒的商販絡繹不絕。酒坊的規模日益壯大，從發掘出的遺址可以看出，當時的水井街酒坊已是行業龍頭，規模之大，無人出其右。

閱讀連結

　　水井坊自然老熟的窖池，是經過幾年幾十年甚至幾百年的時間，釀酒酒糟和黃泥窖池的不斷接觸，互相滲透老化，香味物質、微生物、營養物質等成分的不斷積累產生的窖泥，從而組成的所謂百年老窖。濃香型白酒的窖香主要就是靠窖泥產生的，正所謂「窖香濃郁」，就是根據它發出的自然香味得來的對酒的評述語。

　　中國民間常把往事比作陳年老酒，水井坊釀造的是六百多年的悠遠歷史，還有古老濃郁芬芳的水井坊酒文化，傳承不息。

水井坊遺址與釀酒工藝

■明代飲酒器具青銅爵

　　水井街酒坊遺址位於四川省成都市錦江區水井街，地處成都府河與南河交匯點的東北。面積約一千七百平方米，發掘面積近兩百八十平方米。

　　水井坊遺址遺蹟包括晾堂三座、酒窖八口、爐灶四座、灰坑四個，以及路基、木柱、釀酒設備基座等。其中晾堂的年代，分屬於明清兩代。

　　遺址中發掘出大量的陶瓷器具，有碗、盤、鉢、盆、杯、碟、勺、燈盞、罐、壺、缸、磚、瓦當、井圈等。還有少量石臼、石碾、石盛酒器、鐵鏟、獸骨、竹籤、酒糟等。其中以酒具最為豐富，種類有青花、白釉、青釉、醬釉、黑釉、粉彩瓷等品種。陶片壁較厚，多為紅胎，部分器物表面施釉。

　　這些青花瓷器裝飾圖案題材種類繁多，以折枝和纏枝花卉紋、卷葉紋、松、竹、梅等植物類圖案最為豐富。少數青

酒香千年：釀酒遺址與傳統名酒

第一酒坊 水井坊酒

花瓷器內底或外底還有題款，如「永豐年制」「成化年制」「大明年造」「同治年制」等年號內容。

此外，還有「錦春」、「興」、「天號陳」、「玉堂片造」等名號內容，以及「永保長壽」、「福」、「吉」、「元第」等吉語內容。瓷器裝飾圖案的題材和題款的文字內容可謂包羅萬象，涉及古代社會生活的各個方面。

水井坊作為「中國白酒第一坊」，是中國歷史上最古老的白酒作坊。在水井街酒坊遺址的各種與釀酒相關的設備遺蹟及遺物，是人們認識中國傳統蒸餾酒釀造工藝流程和技術水平的演變的寶貴實物資料，由此可以大致復原當時蒸餾酒釀造生產的全部工藝流程。

蒸煮糧食是釀酒的第一道程序，糧食拌入酒麴，經過蒸煮後，更有利於發酵。將釀酒原料高粱等穀物予以碾制加工，然後置於灶內進行蒸煮。水井坊遺址建於清代的灶就是當時承擔原料蒸煮加工用的。

第二步發酵過程是技術性最強的一道工序，又可分為前期發酵和後期發酵兩步，通常分別在晾堂和酒窖中完成。

水井坊遺址有三座晾堂，依次重疊，建築材料有青灰色方磚和三合土兩種。清代方磚晾堂表面凹凸不平，而年代更早的明代和元代土質晾堂卻顯得十分平滑。這是由於清代晾曬工具更為堅硬所造成的。

晾堂主要是拌料、配料、堆積和初步發酵的場地。工人們把蒸煮之後的釀酒原料攤放於晾堂之上，隨後用石臼等搗制工具將曲藥搗碎，均勻地拌入其中，進行晾堂堆積發酵。

這是固態發酵工藝的預發酵或前發酵，以收集、繁殖酵母菌為主要目的，又叫晾堂操作。這是前期發酵過程。而發酵的主要過程則是在酒窖內完成的。

　　經過晾堂堆積發酵之後，釀酒原料接著被工人們投入泥窖，並封閉嚴實讓其發酵變酒和脂化老熟，這個週期所需時間較長，一般為五十天至七十天。

　　晾堂旁邊的土坑是酒窖遺址。酒窖一般位於地下，呈口大底小的斗狀，窖口形狀多係長方形，規格不一。水井坊八口酒窖的年代從明代到近現代均有，內壁及底部都採用純淨的黃泥土填抹而成，窖泥厚度八釐米到二十五釐米不等。部分酒窖內壁插有密集的竹片，用來加固塗抹的窖泥層。

　　第三道工序蒸餾就是濃度提純，所需設施為蒸餾器。經窖池發酵老熟的酒母，酒精濃度還非常低，需進一步蒸餾和冷凝才能得到較高酒精濃度的白酒。

　　傳統釀酒工藝採用俗稱「天鍋」的設備來完成蒸餾、冷凝工序，其基本結構大致是在圓筒形基座之上重疊安放兩口大口徑鐵鍋，再配以冷凝管道及盛接窗口等設施。水井街酒坊遺址的釀酒設備基座遺蹟雖僅存底部，但從其形狀和內部的煙炱痕跡判斷應是「天鍋」的基座遺存。

　　當年的工人們在鐵鍋或木桶內裝入脂化老熟的酒母，從基座下部加熱進行蒸餾，同時在頂部的鐵鍋內注入冷水，並不斷更換，使汽化的酒精遇冷凝結成液體，從而使酒精濃度不斷提升，直至達到要求。最後蒸餾而出的酒被裝在相應的容器裡封存或出售。聞著酒香，想想也是一種快樂的事情。

酒香千年：釀酒遺址與傳統名酒

第一酒坊 水井坊酒

　　大致說來，清代的酒灶、晾堂、酒窖、蒸餾器等遺蹟均應是同一釀酒流水作業線上的配套設施。

　　明清時期，釀酒機械化程度不高，當時水井坊用精選的糧食，以嚴格得近乎苛刻的工藝釀製水井坊酒。工人們揮汗如雨，伴著有節奏的歌子勞作，古銅色的肌膚因長期勞動而健康有力。閒暇時，釀酒的工人品著自己釀造的玉液瓊漿，臉上會浮現出舒心的笑容，自豪感油然而生。

　　除了地面上完整的古窖群，水井坊還有設計巧妙的「老虎窗」。這種在屋頂向上開的窗因為很像老虎張大的嘴而得名。「老虎窗」既能使新鮮空氣進入酒坊裡，又能使酒坊內常有的蒸汽散發出去。這種具有重要功能的建築結構保存後世，而全木建築結構也形成了壯觀的節奏美。

　　當年的水井街有許多酒店，酒旗隨風飄舞，酒店的字號就隨著酒旗的翻捲時隱時現。客人來了，打幾兩酒，要幾碟成都名小吃當下酒菜，品著水井燒坊的美酒，賞著錦江的春色，真是一種快意人生。

　　中國所有白酒的窖池是都是有生命力的，在它的窖泥中生活著數以萬計的微生物，窖池越老，釀酒微生物家族也就越龐大，所釀之酒也就越陳越香。

　　釀酒的先人們之所以要把酒窖建在地面以下，也許和歷代的禁酒有關。中國古代禁酒的歷史很早，傳說商朝就滅亡於酗酒，到了西周建立的時候，周公就作出決定禁止大家喝酒，朝廷也不能喝酒，所以在以後的歷朝歷代都有禁酒令，就是不許喝酒，酒可以賣，但是卻由國家專賣。

由於北方很不穩定，而南方的四川因地理的原因比較封閉一些，大量中原人逃難至四川，朝廷鞭長莫及，因此在此地域的統治比較薄弱，而在地下挖窖釀酒也不容易被看見。

更重要的是，這個最初偶然產生的應對方法，在日積月累的演變中，居然成為中國釀酒工藝中一個特殊的門類。

在四川之外的地域，自古以來都是用陶缸發酵，而直接跟土壤接觸、用土窖發酵的，它的發源地就是成都平原和四川盆地，只有這裡才能產生非常好的濃香型的酒。

水井坊窖池歷元、明、清三代，經無數釀酒師精心培育，代代相傳，前後延續使用六百餘年，納天地之靈氣，聚日月之精華，由此孕育出獨有的生物菌群，賦予水井坊獨一無二的極品香型。

在連續使用的水井坊窖池中，有大量的賦予水井坊極品香型的特有菌種，後世利用科學技術，研究古法發酵釀酒的祕密，激活繁殖寶貴的古糟菌群，一舉生產出了中國高檔白酒「水井坊」。

後世的水井坊酒，是古水井坊酒窖得天獨厚的微生物環境和精妙的古法釀酒工藝，與現代科技水乳交融的結晶，傳統與現代，技術與藝術，在此完美結合。使水井坊酒具有上佳的品質：晶瑩剔透，窖香濃郁，陳香優雅，醇厚綿甜，回味悠長。

水井坊不僅是中國最古老的釀酒作坊，而且是中國濃香型白酒釀造工藝的源頭，是中國古代釀酒和酒肆的唯一實例，水井坊傳承酒文化之精粹，歷久彌新，詮釋了中國白酒的功

能及酒的美學內涵，點點滴滴皆為天地靈氣與人類智慧的結晶。

閱讀連結

　　水井街酒坊這一沉睡於地下數百年的中國傳統酒文化瑰寶，終於展現在了世人面前，大放異彩。這不僅為探討中國白酒的起源及製造工藝等提供了珍貴的實物資料，而且也為填補中國科技發展史上的空白起了一個很好的開端。

　　在水井坊第三層遺址的下面，很可能還埋藏著更早年代的遺物和遺址，不同歷史層面的廢棄、啟用的真相也許還有其他的可能，未來的進一步發掘會給人們一個更加合理的解釋。

美酒流芳 傳統名酒

　　中國歷史上的名酒燦若星辰，難以盡數，但是流傳下來的名酒卻是有數的。其中的西鳳酒是中國古老的歷史名酒之一。紹興黃酒是中國黃酒中的代表，也世界上最古老的酒類之一。李渡燒酒是中國酒業的國寶，酒文化的重要代表之一。

　　除此之外，還有古藺郎酒、沱牌麴酒、劉伶醉燒鍋、北京二鍋頭、衡水老白乾、山莊老酒、梨花春白酒、菊花白酒以及寶豐酒、金華酒等。都有各自的釀造技藝，形成了中國酒類百花齊放的局面。

西鳳酒的歷史及釀造技藝

■神農氏畫像

中國秦嶺北麓，渭水流經八百里秦川，其西部一帶，傳說是炎帝神農氏開闢農業文明的地方。

炎帝「長於姜水」，並有神農教民種五穀的神話。一天空中飛來一隻朱紅色大鳥，嘴銜一株九穗禾飛動時撒下穀粒。炎帝拾起，教人播種田間，長出嘉谷，人們食之，不但充饑，還能健康長壽。這大鳥就是神鳥「鳳」，百姓敬仰，「見則天下大安寧」，呈吉祥之意。

周人的先祖也在這片土地上創業，春秋戰國時的秦德公於此建都雍城，漢、魏、北朝、隋、唐歷代置郡設縣。西元七五七年，唐肅宗即李亨將雍州升為鳳翔府。

鳳翔的得名，遠取於傳說。周宣王史臣蕭史善簫管作鳳鳴聲，秦穆公以女弄玉相許，蕭史每日教弄玉吹簫，一天有赤龍、紫鳳飛來，於是弄玉乘鳳、蕭史乘龍，雙雙飛昇而去。

　　唐代的神話又添新說。「安史之亂」危及雍州，守將李茂貞調集民夫選址築城，三築三塌，民心惶惑。忽然一個雪夜有鳳棲落城北，飽飲甘泉，後在雪地起舞，繞一大圈。李茂貞聞聽趕來，果真見雪地爪印，便按留下印跡的方位築城。唐肅宗以為自己恩德感動神鳥，改號至德，更雍州為鳳翔府，以為吉祥。

　　自古以來，鳳翔流傳「三絕」的民謠：「西鳳酒，東湖柳，女人手。」酒是情美，柳是景美，手則是心靈的美，西鳳酒即由它的產地而得名。

　　西周時期鳳翔已有釀酒，境內發現的大量西周青銅器中有各種酒器，充分說明當時盛行釀酒、貯酒、飲酒等活動。北宋時期《酒譜》記載：秦穆公伐晉，大軍到河邊時，秦穆公想犒勞將士，但只有一杯酒。於是秦穆公將這杯酒投之於河，三軍皆醉。這就是流傳在雍州「秦穆公投酒於河」的典故。由此可見，當時雍州已釀有酒。

　　佳釀之地，必有名泉。西鳳美酒尤以鳳翔縣城以西柳林鎮所釀造的酒為上乘。柳林鎮的釀酒業之所以古今興旺，長盛不衰，實賴本地優良的水質、土質等宜於釀酒。

　　據《史記·秦本紀》載，位於秦都雍城以西十八里處的柳林，有一神泉，水味甘美，泉水噴湧如注，故名「玉泉」。百姓每遇疾病，即求飲玉泉之水，病患便隨之而解；用此泉

酒香千年：釀酒遺址與傳統名酒

美酒流芳 傳統名酒

水所釀造的柳林酒，醇香典雅，甘潤挺爽，在當時已被稱為絕高佳釀，與秦國駿馬一同被稱為「秦之國寶」。

在柳林鎮西側的雍山，山有五泉，為雍水河之源頭，其源流從雍山北麓轉南經柳林鎮向東南匯合於渭水。其流域呈扇形擴展開來，地下水源豐富，水質甘潤醇美，清冽馥香，釀酒、煮茗皆宜，如存放洗濯蔬菜，有連放七日不腐之奇效。

本地土壤適宜於做發酵池，用來作敷塗窖池四壁的窖泥，能加速釀造過程中的生化反應，促使脂酸的形成。這些都是釀造西鳳酒必不可缺的天賦地理條件。

到了漢代，雍城的釀酒業發展更快。西漢時期，自漢高祖至漢文帝、漢景帝的祭五畤活動，曾十九次到雍地舉行，「百禮之會，非酒不行」，耗酒量甚巨，自宮廷而至達官貴人「日夜飲醇酒」。

漢代民間婚喪嫁娶，請客送禮，也無不用酒。酒的產量和制酒工藝日漸提高，民間製曲技術亦有長足進步，進而逐步改進釀酒設備，遂開始了用高粱做原料，用大麥、豌豆做曲的蒸餾酒的釀造，於是燒酒開始問世。此種白酒便是西鳳酒的早期前身，當時鳳翔所產的白酒已頗有名氣。

唐初，鳳翔城內釀酒作坊更多，柳林、陳村等集鎮酒業尤為興隆。西元六一八年時，鳳翔城內的「昌順振」作坊即已創建，成為陝西最早的民間私人釀酒作坊。唐貞觀年間，柳林酒就有「開壇香十里，隔壁醉三家」的讚譽。

據北宋王溥《唐會要》載：西元六七八年，吏部侍郎裴行儉沿絲綢之路護送波斯王子俾路斯回國途中，行至今鳳翔

縣城以西的亭子頭附近，突然發現路旁蜂蝶墜地而臥，頓感奇怪，逐命駐地郡守查明緣由。

當郡守沿途查詢至柳林鋪時，方知一家釀酒作坊剛從地下挖出一壇窖藏陳釀，醇香無比，此酒味隨風飄蕩至柳林鎮東南五里處的亭子頭，使這一帶蜂蝶聞之皆醉不舞，紛紛臥地不起。

郡守即向裴公稟報了實情，並將陳酒送與裴公。裴侍郎聞到醇香的酒味，頓覺倦意全無，精神煥發，即興吟詩一首：

送官亭子頭，蜂醉蝶不舞，

三陽開國泰，美哉柳林酒。

裴公回朝時，命郡守將此酒運回長安，獻給唐文宗皇帝，受到唐文宗的讚賞。自此以後，柳林酒以「甘泉佳釀，青冽醇馥」的盛名被列為貢品。酒品遠銷中原，沿絲綢之路銷往西域諸郡。

唐代大詩人杜甫曾在鳳翔領略過此酒的甘美風味，留下了「漢運初中興，生平老耽酒」的詩句。

宋初，鳳翔城內設置釀酒作坊多處，鄉間裡閭釀酒者極多，以所定歲課納稅，稅利較大。所收之遺利，以助邊費。

西元一零六二年，北宋文學家蘇東坡任鳳翔府簽書判官時，對鳳翔酒業發展頗為關注，在《上韓魏公證場務書》中指出，鳳翔為全國著名的郡地之一，為生產陝西名酒的地方，如果限制酒業發展，便失去了稅源，實在是國家財政上的巨大損失。

酒香千年：釀酒遺址與傳統名酒

美酒流芳 傳統名酒

朝廷採納了蘇東坡建議，允許民間製曲釀酒，由官方收稅。於是鳳翔酒業得以興旺發達，酒稅也成為當時官府財政收入的重要來源。

蘇東坡任職鳳翔期間，引鳳翔泉水，移竹藝花，樹柳植荷，增亭設榭，築臺添軒，修葺東湖，建成了著名的「喜雨亭」，落成之日，曾邀朋歡盞，舉酒於亭上，飲用的是柳林美酒，並留下了驚世名篇《喜雨亭記》。

蘇東坡還在一首詩中用「花開酒美曷不醉，來看南上冷翠微」的佳句讚美了柳林酒，後世東湖仍有墨跡尚存，使之盛名日彰，被稱為「鳳翔橐泉」。

相傳宋昭宗在鳳翔宴請侍臣時，曾捕魚為饌，取柳林酒暢飲，李茂貞等侍臣得到這醇香甘美的釀中珍品，竟以巨杯痛飲，流連忘返，不能自已。

明代，鳳翔境內「燒坊遍地，滿城飄香」，釀酒業大振，僅柳林鎮一帶釀酒作坊已達四十八家。過境路人常「知味停車，聞香下馬」，以品嚐柳林美酒為樂事。

清咸豐、同治年間，鳳翔縣城與柳林鎮等地釀酒作坊如雨後春筍般發展，釀酒技藝更加成熟，使酒品具有了獨特的風格。

西鳳酒以當地特產高粱為原料，用大麥、豌豆製曲。工藝採用續渣發酵法，發酵窖分為明窖與暗窖兩種。工藝流程分為立窖、破窖、頂窖、圓窖、插窖和挑窖等工序，自有一套操作方法。蒸餾得酒後，再經三年以上的儲存，然後進行精心勾兌方出廠。

西鳳酒無色清亮透明，醇香芬芳，清而不淡，濃而不豔，集清香、濃香之優點融於一體，幽雅、諸味諧調，回味舒暢。被譽為「酸、甜、苦、辣、香五味俱全而各不出頭」。即酸而不澀，苦而不黏，香不刺鼻，辣不嗆喉，飲後回甘，味久而彌芳之妙。屬鳳香型大麴酒，被人們讚為「鳳型」白酒的典型代表。

閱讀連結

在歷史上，西鳳酒曾在慶典之禮中發揮了重要的作用。據史料籍記載，殷商晚期，牧野大戰時周軍伐紂獲得成功，周武王便以家鄉出產的秦酒犒賞三軍；爾後又以柳林酒舉行了隆重的開國登基慶典活動。「秦酒」就是西鳳酒，因產於秦地雍城而得名。

據鳳翔的官方鼎銘文載：周成王時，周公旦率軍東征，平息了管叔、蔡叔、霍叔的反周叛亂。凱旋後在岐邑周廟即今與鳳翔柑鄰的岐山縣，以秦酒祭祀祖先，並慶功祝捷。

▋紹興黃酒的歷史及釀製

■越王勾踐石像

　　西元前四九二年，越王勾踐為吳國所敗，帶著妻子到吳國去當奴僕。臨行之時群臣送別於臨水祖道。謀臣文種上前祝道：「臣請薦脯，行酒二觴。」當時的酒是濁釀，卻已經叫越王仰天嘆息，碰杯垂涕。這是黃酒在中國史冊上第一次露面。這個黃酒就是紹興酒。

　　勾踐在吳三年，臥薪嘗膽，當他回到越國，決心奮發圖強。為了增加兵力和勞動力，他採取獎勵生育的措施。據《國語·越語》載：「生丈夫，二壺酒，一犬；生女子，二壺酒，一豚。」把酒作為生育子女的獎品。

　　據《呂氏春秋·順民篇》記載，越王勾踐出師伐吳時，父老向他獻酒，他把酒倒在河的上流，與將士們一起迎流共飲，於是士卒感奮，戰氣百倍，歷史上稱為「簞醪勞師」。宋代嘉泰年間修撰的《會稽志》說，這條河就是紹興南郊的投醪河。

醪是一種帶糟的濁酒，也就是當時普遍飲用的米酒。這些記載說明，早在兩千五百年前的春秋時期，越國的紹興酒就已經十分流行。

　　紹興地處東南，不產稷粟，向以稻米為釀酒的原料。所以當時紹興地方所產之酒，無疑是屬於上乘的。

　　西漢時，天下安定，經濟發展，人民生活得到改善，酒的消費量相當可觀。為了增加國家財政收入，漢武帝「初榷酒酤」，和鹽鐵一樣，實行專賣。

　　東漢時期，會稽郡在越國時期開發富中大塘，興建山陰故水道、故陸道基礎上，進一步興修水利發展生產，把會稽山的山泉彙集於鑒湖內，為紹興地方的釀酒業提供了優質、豐沛的水源，對於提高當地酒的質量，成為以後馳名中外的紹興酒起了重要作用。

　　魏晉之際，氏族中很多人為了迴避現實，往往縱酒佯狂。這期間，在紹興生出不少千載傳誦的佳話。

　　西元三五三年三月初三，大書法家王羲之與名士謝安、孫綽等在會稽山陰蘭亭舉行「曲水流觴」的盛會，乘著酒興寫下了千古珍品《蘭亭集序》，可以說是紹興酒史中熠熠生輝的一頁。他兒子王徽之「雪夜訪戴」的故事，也可以說是紹興酒史中的一段佳話。

　　在晉代嵇含所著筆記《南方草木狀》中，也提到了「女酒」的釀造儲藏方法。「女酒」也就是紹興「女兒紅」的前身。

　　南北朝時，紹興所產的酒，已由越王勾踐時的濁醪演變成為「山陰甜酒」。清人梁章鉅在《浪跡三談》中認為，後

酒香千年：釀酒遺址與傳統名酒

美酒流芳 傳統名酒

來的紹興酒就是從這種「山陰甜酒」開始的，並說：「彼時即名為甜酒，其醇美可知。」

就紹興酒本身來說，確實是質愈厚則味愈甜，如加飯甜於元紅，善釀又甜於加飯。而且這種甜酒冠以「山陰」二字，以產地命名，自必不同於一般地方所產。由此不難推想紹興酒特色在南朝時已經形成。

唐宋時期，紹興酒進入全面發展階段。唐時，紹興稱越州，又是浙東道道治所在。經濟的發展，山水的清秀使這裡成為人們嚮往之地。許多著名詩人如賀知章、宋之問、李白、杜甫、白居易、元稹等，或者是紹興人，或者在紹興做過官，或者慕名來遊，他們和紹興酒都有過不解之緣。

「酒中八仙」之首賀知章，晚年從長安回到故鄉，寓居「鑒湖一曲」，飲酒作詩自娛。

元稹在越州任刺史兼浙東觀察使，此時白居易已為杭州刺史。兩人自青年訂交，是詩壇知己。在僅隔一條錢塘江鄰郡為官，互相酬唱甚勤。紹興的山水，紹興的酒，成為他們這段時期創作中的重要內容。

宋代把酒稅作為重要的財政收入。在政府的鼓勵和提倡下，原來已有深厚基礎的紹興釀酒事業自然更為發展了。據《文獻通考》所載，西元一零七七年天下諸州酒課歲額，越州列在十萬貫以上的等次，較附近各州高出一倍。

南宋建都臨安，達官貴人雲集，西湖游宴，「直把杭州作汴州」，酒的消費量很大。賣酒是一個十分賺錢的行業，

當時紹興城內酒肆林立，正如陸游說的「城中酒壚千百家」，
「傾家釀酒三千石」。

由於大量釀酒，原料糯米價格上漲，據《宋會要輯稿》
所載，南宋初紹興糯米價格比粳米高出一倍。糯米貴農民種
糯米的自然多了。

南宋理宗寶慶年間所修的《會稽續志》引孫因《越問》
說，當時紹興農田種糯米的竟占一半以上。這種情況幾乎一
直延續到明代，以致連明代文學家、書畫家徐渭都發出了「釀
日行而炊日阻」的感嘆，但反過來卻正反映了紹興釀酒業之
興盛。

元明清時，紹興酒業進一步發展。西元一三九四年恩準
民間自設酒肆，一四四二年改前代酒課為地方稅，以後又採
取方便酒商貿易，減輕酒稅的措施，因此酒的交流加快。明
代徐渭在《蘭亭次韻》詩中無限感慨地說：「春來無處不酒
家」，可見當時的酒店之多。

在明初，紹興酒的花色品種有新的增加。有用綠豆為曲
釀製的豆酒，還有地黃酒、鯽魚酒等。萬曆《紹興府志》：「府
城釀者甚多，而豆酒特佳。京師盛行，近省地每多用之。」

明中期以後，新的社會生產力使紹興的釀酒業登上了新
的高峰，它的代表就是大釀坊的陸續出現。紹興縣東浦鎮的
「孝貞」，湖塘鄉的「葉萬源」、「田德潤」等酒坊，都創
設於明代。

「孝貞」所產的竹葉青酒，因著色較淡，色如竹葉而得
名，其味甘鮮爽口。湖塘鄉還有「章萬潤」酒坊很有名，坊

主原是「葉萬源」的開耙技工，以後設坊自釀，具有相當規模。

入清以後，東浦的「王寶和」創設於清初，城內的「沈永和」創設於清康熙年間。清乾隆以後，東浦有「越明」、「賢良」、「誠實」、「湯元元」等，阮社鄉有「章東明」、「高長興」等。

這些都是比較有名的酒坊，資金雄厚，有寬大的作場，集中了當時的技術力量。又有稱為「水客」的推銷人員，還透過水路向蘇南丹陽、無錫等產糧區大批收購糯米作為原料，以擴大生產。因而無論從生產規模、生產能力以及經營方法等方面，都是過去一家一戶的家釀和零星小作坊所望塵莫及的。

尤其是清代飲食名著《調鼎集》，對紹興酒的歷史演變，品種和優良品質進行了較全面的闡述，在當時紹興酒已風靡全國，在酒類中獨樹一幟。

紹興酒之所以聞名於海內外，主要在於其優良的品質。清代袁枚

《隨園食單》中讚美：

紹興酒如清官廉吏，不摻一毫假，而其味方真又如名士耆英，長留人間，閱盡世故而其質愈厚。

《調鼎集》中把紹興酒與清官廉吏相比，這說明紹興酒的色香味格等方面已在酒類中獨領風騷。

清初紹興酒的行銷範圍已遍及全國各地。清康熙時期成書的《會稽縣誌》有「越酒行天下」之說。清乾隆年間著名詩人吳壽昌有《東浦酒》五律一首，盛讚東浦酒：

　　郡號黃封擅，流行遍域中，

　　地遷方不驗，市倍榷逾充。

　　東浦酒流行於全國而且深得各地信任，可以不作驗方而充實於市場，這些都非誇張之語。

　　紹興酒名聲大振，因而梁章鉅在《浪跡續談》中說：紹興酒通行海內，可謂酒之正宗，「實無他酒足以相抗」。

　　紹興黃酒的釀造技藝經歷代發展，變得日益複雜，有浸米、蒸飯、攤飯、落缸、發酵、開耙、灌壇、壓榨、煎酒等工序，而每一道工序的完成都是一門科學。如在發酵環節中，釀酒師傅就要根據氣溫、米質、酒釀和麥曲性能等多種因素靈活掌握，及時調整，光是這門手藝沒有幾十年的經驗是掌握不了的。

　　從釀造時間上說，紹興黃酒也有著非常獨特的傳統。一般來說，每年的農曆七月制酒藥，九月制麥曲，十月制酒釀，大雪前後開始釀酒，到次年立春結束。長達八十多天的發酵時間，也被認為是紹興黃酒不同於其他黃酒的特色所在。

　　紹興黃河釀造技藝中有三大法寶：一是「為釀酒而生」的鑒湖水，二是精白度高的糯米，三是釀酒師傅的經驗。

酒香千年：釀酒遺址與傳統名酒

美酒流芳 傳統名酒

鑒湖之水根本就是為釀酒所生，是中國難得一見的釀造酒用水，因此紹興以外的釀坊，就算技術再高超，用料再精良，也無法如法釀出紹興黃酒。

除了有好水，如果沒有好原料，一樣釀不出好酒。紹興黃酒用的原料是精白過的糯米和優質的黃皮小麥，其中精白糯米是主要原料，黃皮小麥則是製作麥麴的主要原料。

前兩者尚可肉眼所見，而釀酒師傅的經驗和手藝卻只能世代相傳，但這也正是紹興黃酒的核心競爭力所在。

閱讀連結

黃酒為世界三大古酒之一，源於中國，且唯中國有之，可稱獨樹一幟。黃酒產地較廣，品種很多，但是能夠代表中國黃酒特色的，首推紹興酒。

紹興酒在清末就已聲譽遠播中外，西元一九一零年在南京舉辦的南洋勸業會上，謙豫萃、沈永和釀製的紹興酒獲金獎。一九一五年在美國舊金山舉行的美國巴拿馬太平洋萬國博覽會上，紹興雲集信記酒坊的紹興酒獲金獎。

源遠流長的李渡釀酒技藝

■古代酒坊

李家渡地處撫河中下游，緊靠撫河堤岸，終年清澈透明的地下水，清冽甘甜，是難得的制酒用水；贛撫糧倉，稻米細膩圓潤，晶瑩剔透。撫河水，贛撫糧，取之不盡，用之不竭，是釀酒的上等佳品。

江西古鎮李渡的釀酒歷史源遠流長，而江西人的飲酒歷史也是非常悠久的，晉宋之際的文學家陶淵明，晚年家中比較貧困，卻主張「得酒莫苟辭」，許多詩中都寫了酒，還專門寫了《述酒》一篇。

南朝的齊東昏侯肖寶卷和宋少帝劉義符「於華林園為列肆，親為沽賣」。

李渡是古代江南莘莘學子進京趕考的必經之地，其酒文化，源遠流長，底蘊豐厚，自古以來就有「酒鄉」之美稱，文人墨客，商宦布衣，皆因李渡酒而「聞香下馬，知味攏船」。

酒香千年：釀酒遺址與傳統名酒

美酒流芳 傳統名酒

李渡高粱酒酒色清透，芳香濃郁，味正醇甜，深受人們的喜愛。

李渡是江西的糧倉，糧食豐收，老百姓就要釀酒，以供嫁女娶親，過年過節，接待客人，祭祖祭神之用。李渡《鄒氏族譜》載有兩首飲酒詩，也可證明酒業歷史悠久：

掃罷荒鄰重嘆嗟，羽衣邀我獻松花。

瓦瓶酒醅龍膏酒，鼎新烹雀萬古靜。

聽晚林鳴玉籟載，瞻陰壑起丹霞洞。

門前惆悵辭先壘，禍首紅塵盡俗家。

祀餘鐵壁從興嗟，觀裡停驂數落花。

春靄燕毛班序齒，風飄仙羽迭供茶。

浩歌瞞舞雲洞鶴，微醉濃餐日暮霞。

宿鳥歸林休重感，馬蹄乘月卻還家。

經歷了清代的興旺後，李渡白酒更是聞名全國。據縣誌載：到了清代中期，李渡有了以當地特產的優質糯米為原料釀製燒酒的習慣。到了清朝末年，李渡萬茂酒坊廣集民間釀酒技術，在糯米酒的基礎上，引進了用稻米為原料，用大曲為糖化發酵劑，用缸、磚結構老窖發酵制白酒的新工藝。

李渡高粱酒由此而發展起來，制酒作坊也隨之增至七家。由於酒味醇濃純淨，清香撲鼻，名聲大振，銷路日廣。全鎮最高產量曾經達到二十萬公斤，暢銷贛、浙、鄂、皖等省。

李渡燒酒作坊遺址歷史跨度近八百年，是中國酒行業難得的「國寶」。遺址面積一千六平方米，文化堆積十一個層面分為南宋、元、明、清等幾個時期，而主要為元、明、清遺蹟與遺物，釀酒遺蹟有水井、爐灶、晾堂、酒窖、蒸餾設施、牆基、水溝、路面、灰坑、磚柱等。

水井位於遺蹟中心部位，始建於元代，後經增高，深四點二五米，六邊形紅麻石井圈，口徑零點六六至零點七二米，井臺三合土築。

爐灶始建於明代，紅石與青磚砌，長徑二點八零米，短徑一點四二米，殘高一點九八米，煙道位於頭端兩側；灶前操作坑呈「凹」字形，長二點七米，寬一點六米，深一點八四米。

晾堂二處，明代晾堂二十坪，清代晾堂四十平方米，卵石與三合土築，表面不平，邊界用紅石砌。

酒窖二十二個，其中元代酒窖十三個，直徑約零點六五至零點九五米，深約零點五六至零點七二米；明代酒窖九個，有六個後世仍在使用，直徑零點九至一點一米，深約一點五二米。

蒸餾設施二處，圓桶形磚座，明代蒸餾設施經清代修補，直徑零點八米，高零點六二米，東南距灶零點八五米。清代蒸餾設施直徑零點四二至零點五四米，高零點三八米。

遺址中有遺物三百五十件，有陶瓷器、石器、銅器、鐵器、竹木器等，以陶瓷器為主，陶瓷器又以酒具為多。

酒香千年：釀酒遺址與傳統名酒

美酒流芳 傳統名酒

　　李渡燒酒作坊遺址的發現，再一次見證了江西悠久的釀酒歷史，豐富了李渡酒文化內涵。北宋詞人晏殊《浣溪沙》中說：

　　紅蓼花香夾岸稠，綠波春水向東流，小船輕舫好追游。

　　漁父酒醒重撥棹，鴛鴦飛去卻回頭，一杯消盡兩眉愁。

　　這正好與當年撫河兩岸的情景相印照，折射出了李渡古鎮與酒的淵源。

　　李渡燒酒作坊遺址年代之久，不僅在中國首屈一指，在世界上也是最早且延續時間最長的酒業文化載體。見證了人類的繁華，滄桑，醇香永流傳。

　　李渡燒酒作坊遺址加上地面的街區、酒肆、商埠，共同形成完整反映中國古代酒業發達狀況的遺產格局，這在世界上都是罕見的。

　　在以澱粉質為原料釀酒的各種方法中，特別是糖化、酒化同時進行和半固態發酵方法的運用以及這兩項技術的巧妙結合，在釀酒工業發展中具有重要的意義和科學價值，是寶貴的文化遺產。

閱讀連結

　　李渡燒酒作坊遺址，是中國年代最早、遺蹟最全、遺物最多、時間跨度最長且富有鮮明地方特色的大型古代白酒作坊遺址，也是中國酒業的國寶，酒文化的重要代表。

李渡燒酒作坊的發現，為中國元代已生產蒸餾酒的論斷提供了最具說服力的實物依據，證實了李時珍在《本草綱目》中關於李渡酒的記載：「燒酒非古法也，自元始創之。」

▌百花齊放的傳統釀酒技藝

■金華酒

中國的釀酒歷史源遠流長，釀造技藝口傳心授，已傳承千餘年。因原料和生產工藝有別，中國酒類形成了百花齊放的局面，比較有名的除前面所介紹的典型品牌之外，還有古藺郎酒、沱牌麴酒、劉伶醉燒鍋、北京二鍋頭、衡水老白乾、山莊老酒、梨花春白酒、菊花白酒以及寶豐酒、金華酒等。

「古藺郎酒傳統釀製技藝」的產生、傳承及發展均立足於其窖池、作坊、儲酒文化空間，分佈於古藺縣二郎鎮鎮域範圍內。

郎酒產地二郎鎮地處川黔交界的四川盆地南緣，與貴州茅臺鎮一水之隔。二郎鎮地域屬較為封閉的低山河谷區，年

酒香千年：釀酒遺址與傳統名酒
美酒流芳 傳統名酒

均氣溫適宜，年降雨量豐沛，無霜期長，為農作物生長及郎酒的釀造創造了良好自然環境。

二郎鎮境內擁有國內典型的喀斯特地型，岩層特有的濾水性質使郎酒釀造所用水在岩層中緩慢浸潤而淨化以致甘洌清香、微帶回甜，為釀製高檔白酒的水源環境。這是形成郎酒獨特口感的一個重要因素。

二郎鎮區域範圍內，四季分明，日照充足，熱量豐富，氣溫差異大，加之這一帶汙染甚微，使得此地每年農曆五月所產出的優質川南小麥，農曆九月產出的優質高粱米，特別適於釀製郎酒。其次，當地農作物的生產也能與郎酒釀造中的「端午下曲」、「重陽下沙」等釀酒工序密切結合。

據《古藺縣誌》記載，清乾隆初年，黔督張廣泗兩疏鑿赤水河中上游險灘六十八處，川鹽土布得以暢銷黔北。隨著二郎鎮成為川黔邊界的鹽業重鎮和交通樞紐，到此販運川鹽的鹽夫商賈川流不息，刺激了二郎鎮釀酒業的發展和釀酒技藝的提高。

清末，酒師張子興在二郎鎮釀製回沙郎酒，時名「惠川老槽房」，後來改名「仁壽酒房」，發展為三個窖池。仁壽酒房從「二郎鎮」三字中取「郎」字，將二郎鎮釀製的「回沙大曲」定名為「回沙郎酒」，簡稱「郎酒」，此即「郎酒」得名之由來。

川中射洪是唐代文學家陳子昂故里，射洪所產沱牌麴酒，其前身為西元七六二年的「射洪春酒」，早在唐代便以「寒

綠」之特色而名馳劍南，「詩聖」杜甫盛讚之「射洪春酒寒仍綠」。

　　明代時，沱牌麴酒名為「謝酒」，清代釀有「火酒、紹醪、惠泉」等酒品。西元一九一一年，柳樹沱鎮釀酒世家李吉安建「吉泰祥糟坊」，引龍澄山沱泉水為釀造用水，繼釀酒工藝而發展成為大麴酒。

　　由於金泰祥大麴酒用料考究，工藝複雜，產量有限，每天皆有部分酒客慕名而來卻因酒已售完抱憾而歸，翌日再來還須重新排隊。店主李氏見此心中不忍，遂制小木牌若干，上書「沱」字，並編上序號，發給當天排隊但未能購到酒者，來日憑沱字號牌可優先沽酒。

　　此舉深受酒客歡迎。從此憑「沱」字號牌而優先買酒成為金泰祥一大特色，當地酒客鄉民皆直呼金泰祥大麴酒為「沱牌麴酒」。人們傳頌「沱牌麴酒，泉香酒洌」。

　　沱牌麴酒千年傳統釀造技藝，歷經傳承與昇華，生產出不可複製的陳香神曲，賦予沱牌麴酒天曲系列酒「香氣幽雅，陳香糧香馨逸」的獨特風格。

　　劉伶醉古燒鍋遺址地處河北省徐水縣縣城，該遺址始建於金元，已有八百多年歷史，其中主要包括十六個古發酵池、一口水井及部分酒用陶器，是中國最早的釀酒遺址。

　　傳說，晉朝「竹林七賢」之一的劉伶，千里迢迢到了北方的遂城，即河北徐水縣，訪友張華。張華以當地佳釀款待，劉伶飲後大加讚賞。據《徐水縣碑誌》記載，劉伶當年常「借杯中之醇醪，澆胸之塊壘」，並乘興作詩。

酒香千年：釀酒遺址與傳統名酒

美酒流芳　傳統名酒

傳說劉伶飲酒後，完全沉醉於美酒之中，竟大醉三載，後卒於遂城，遺塚尚在。後人為劉伶修建了一座「酒德亭」，並於金元時期建造了「劉伶醉」燒鍋酒，成為中國最早的蒸餾酒遺址。

劉伶醉古燒鍋遺址中十六個古發酵池四壁皆為泥質，由於一直沒有間斷使用，微生物菌群極為豐富，所產的白酒酒體濃厚，綿甜醇和，餘香悠長。這種古窖池產酒的優質率可以達到百分之九十，遠遠高於普通窖池。

劉伶醉燒鍋之所以聞名，這與它的特殊製作工藝有關。它用本地產的優質高粱、大麥、小麥、稻米、小米、糯米、豌豆七種糧食為原料，取太行山下古流瀑河畔的甘泉井水，採用傳統的「老五甑」工藝釀造，又以劉伶墓所在地張華村的芳香泥土封窖，發酵陳釀而成。「劉伶醉」屬濃香型，敞杯不飲，酒香撲鼻；多飲也不傷神。幽香濃郁，名不虛傳。

北京釀製白酒歷史悠久，金代將北京定為中都時，就傳來了蒸酒器，開始釀製燒酒。

到了清代中期，京師燒酒作坊為了提高燒酒質量，進行了工藝改革。在蒸酒時用作冷卻器的稱為錫鍋，也稱天鍋。蒸酒時，需將蒸餾而得的酒汽，經第一次放入錫鍋內的涼水冷卻而流出的「酒頭」和經第三次換入錫鍋裡的涼水冷卻而流出的「酒尾」提出做其他處理。

因為第一鍋和第三鍋冷卻酒含有多種低沸點物質成分，所以只取經第二次錫鍋裡的涼水冷卻而流出的酒，故起名為「二鍋頭」。

北京二鍋頭酒的釀造這一古老技藝自清康熙趙氏以來傳承九代，歷經三百餘年，凝聚著北京釀酒技師的聰明才智。其中的老五甑法發酵、混蒸混燒、看花接酒等工藝都是依靠人的眼觀、鼻聞、口嘗來完成，這也是歷代釀酒技師的神祕絕技，而掐頭、去尾、取中段的接酒方式更是北京釀酒技師的首創，也是中國白酒發展史的里程碑。

　　衡水老白乾酒是河北衡水的特產之一，已有一千八百多年的歷史。六十七點五度老白乾酒，曾是酒精度最高的白酒之一，濃烈卻香醇，不上頭，深具特色。

　　河北衡水地處北溫帶，地勢低，水位淺，為豐富的微生物群及酒醅發酵提供了良好的氣候條件。衡水老白乾釀造用水為本地特有滏陽河道地下水。水質清澈透明，純淨甘甜，加上衡水特有的微生物群及水文氣象條件，才給世人留下這千百年來的美酒。

　　衡水老白乾酒以優質高粱為原料，純小麥曲為糖化發酵劑，採用傳統的老五甑工藝和兩排清工藝，地缸發酵，精心釀製而成。

　　儲存陳釀是衡水老白乾酒至關重要的一道生產工序。經過發酵蒸餾而得的新酒，在適宜的儲存條件下，新酒中造成辛辣刺激性的物質的緩慢揮發，使酒的刺激感減弱，酒質趨於穩定，並化成白酒主體香型的各種酯。因此，經過一定的儲存期後，衡水老白乾酒香氣更加純正、濃郁，口味更加綿軟、醇和。

酒香千年：釀酒遺址與傳統名酒

美酒流芳 傳統名酒

勾兌調味是白酒生產中的「畫龍點睛」之筆，也是衡水老白乾酒一道關鍵的生產工序，它使酒的風味更加豐滿協調、甘洌爽淨，風格突出。

承德避暑山莊的「山莊老酒」系列酒，源於四七千兩百年前的儀狄造酒，得名於一七零三年康熙御封，擁有三百多年的歷史，依託承德避暑山莊悠久的歷史文化和皇家文化，歷經三百年的皇家文化，三百年歷史積澱，從而賦予了山莊老酒與生俱來的尊貴品質，集皇家風範於一身。

山莊老酒採用「老五甑」傳統釀造技藝和醬香型工藝生產，形成了「濃頭醬尾」的獨特香型。

相傳一七七三年，清代乾隆皇帝與大學士紀曉嵐微服私訪至承德下板城慶元亨酒店，突聞酒香撲鼻，遂進酒店暢飲。君臣二人酒興之餘，詩興大發。

乾隆皇帝先聲奪人，命出上聯「金木水火土」。紀曉嵐才思敏捷、聰穎過人，巧對出下聯「板城燒鍋酒」。這一下聯不僅把木、土、火、金、水以漢字偏旁分別嵌入「板城燒鍋酒」中，並且分別相剋於「金木水火土」，君臣佐使恰到好處。

此聯一出，乾隆皇帝連聲稱讚：「好聯！好酒！」並乘興御筆親書賜予小店。自此「板城燒鍋酒」名揚四海。

「板城燒鍋酒傳統五甑釀造技藝」是板城燒鍋酒的核心，其悉心傳承三百年前的精湛工藝，以紅高粱為主要原料，以純小麥大曲為糖化發酵劑，採用續糟續渣混蒸，堅持傳統的老五甑工藝，每一道工序無一不遵循古老的手工釀造法，人

工窖泥、雙輪發酵，量質摘酒，分級儲存，自然老熟，精心勾兌而成。具有酒體純正、酒液清亮如晶、窖香濃郁、落喉爽淨、回味悠長，飲後口不乾、不上頭的特點。

梨花春酒是山西應縣的歷史名酒，其悠久的歷史形成了獨特的傳統釀造技藝。

梨花春白酒傳統釀造技藝既是以汾酒釀造工藝為代表的清香型蒸餾酒的釀造技藝，又是以其他少數民族釀酒技藝中汲取的先進經驗，承載了中國北方不同時期的習俗風尚，農耕文化，多民族文化融合的歷史釀酒技藝，具有鮮明的地域之文化特徵。

西元一零五六年，應縣釋迦木塔落成，遼蕭太后駕幸開光盛典，州官呈獻應州的陳釀老窖，蕭太后飲後，只覺香沁五內，飄飄欲仙，連連誇讚。此時，正值梨花盛開，雪白燦爛。蕭太后睹景生情，遂賜名此酒「梨花春」。自此，「梨花春」成為遼朝的國酒。

此後千餘年來，梨花春酒世代相傳，久盛不衰。世人譽曰：「名馳塞外三千里，味占三晉第一春。」

明清時期，伴隨著大量「走西口」往來商賈和眾多朝覲聖塔信徒途徑應州，當地釀酒作坊日益興盛。

清乾隆年間《應州志》記載，應縣有釀酒缸房十一家，清光緒年間有酒戶二十二家。清同治年間，應縣有名的酒作坊就有：劉氏的萬盛魁、張氏的聚和店、吳氏的德泰泉、何氏的福和永、康氏的福成永、郭氏的興盛泉、趙氏的義德成等。其中南泉村張氏聚和店的酒不僅進京，而且進入宮廷。

酒香千年：釀酒遺址與傳統名酒

美酒流芳 傳統名酒

　　應縣老城區保存著萬盛魁酒作坊的完整遺址及其實物。遺址仍保留有當時釀酒用的踩曲房仍存三百二十四口地甕地甕房、儲酒房及敬酒神的牌位。此外還存有儲酒、制酒用的器具。

　　梨花春白酒是以應州東上寨出產的「狼尾巴」高粱為原料，用標準篩篩去雜質和莨糧，然後進行粉碎、配料、潤料和拌料、蒸煮糊化、冷散、加曲、加水堆積，入池發酵、出池蒸酒八個工序。

　　發酵到二十一天的酒醅用竹簍抬出至甑鍋邊進行蒸餾，裝甑時按照「穩、準、細、勻、薄、平」的原則進行操作，裝甑蒸汽按照「兩小一大」的原則進行操作，流酒時蒸汽按照「中酒流酒，大氣追尾」的原則進行操作，接酒時依照酒花大小程度來判別酒頭、原酒和酒尾。

　　看花接酒都是憑釀酒大師傅的經驗來判別，酒頭、原酒和酒尾都分級分缸儲存，一般儲存六個月以上酒體成熟。

　　菊花白酒是明、清兩代宮廷之菊花酒。中國古時曾有「重陽節賞菊花飲菊花酒」的習俗，尋常百姓多以菊花浸泡酒中，存放一定時日，至重陽節取出飲用。

　　由於菊花酒有清冽芬芳、滋陰養陽之功效，更為宮廷帝王所推崇。經過歷代能工巧匠的精心研製，在民間菊花酒的基礎上，發展為宮廷御用菊花白酒。

　　至清代中晚期，為皇宮提供的生活用品部分轉讓給民間承辦，「仁和」即是為皇宮專事釀造「菊花白」的酒坊，該

酒坊於西元一八六二年由三位出宮的太監出資創辦，已傳承一百四十五年。

菊花白酒釀製技藝工藝獨特。以菊花為主，輔以人蔘、枸杞等，有養肝明目、疏風清熱、補氣健脾、滋補肝腎之效。以沉香之沉降後，諸藥補益之力歸於下元。

菊花白酒的釀製週期十分漫長，從原材料加工開始到灌裝入庫為止，要經歷幾十道加工工序，約八個月的時間。主要工序有預處理、蒸餾、勾兌、陳貯等，其中「固液結合、分段取酒」的蒸餾工藝具有顯著特點。

工序中的關鍵點完全要由經驗豐富的技師來掌控。「菊花白」酒釀製技藝是傳統宮廷文化的典範，對於研究宮廷文化具有重要的史料價值，同時，對傳承和弘揚民族傳統文化造成積極的推動作用。

「菊花白酒」的釀製一直秉承著貨真價實的經營理念，在社會誠信的建立方面造成積極的社會示範作用，倡導人們健康飲酒。其配方科學、嚴謹，釀製技藝對於傳統的中醫藥養生研究具有很高的科學價值，是養生酒的代表性產品。

河南省寶豐西依伏牛，東瞰平原，沙河潤其南，汝水藩其北，菽麥盈野，地湧甘泉，為中州靈秀之地。寶豐釀酒的歷史，可以上溯到夏禹時期。據《呂氏春秋》載：儀狄始作酒醪，變五味，於汝海之南，應邑之野。古時汝河流經汝州的一段稱之為汝海，汝海之南即汝河之南，寶豐即在此處。

在寶豐縣城東南十公里處的古應國遺址，發現有大量珍貴的酒器酒具，佐證了寶豐釀酒業的悠久歷史。

酒香千年：釀酒遺址與傳統名酒

美酒流芳 傳統名酒

　　唐宋時期，寶豐釀酒業達到鼎盛。據《寶豐縣誌》記載：北宋時，僅寶豐縣就有七酒務，宋神宗欽派大理學家程顥監酒寶豐，每年收酒稅七萬貫以上；金朝大正年間，曾經有一年收酒稅四點五萬貫，居全國各縣之首。

　　寶豐酒製曲技藝嚴格，拌料、製曲、上霉、晾霉、潮火、大火、後火、驗收、儲存科學規範。品評、勾兌、調味、降度、定型，程序把關嚴謹，確保了品位和質量。

　　寶豐酒的特徵是以優質高粱為原料，大麥、小麥、豌豆混合製曲，採用「清蒸二次清」工藝，地缸發酵，陶壇貯陳。酒質具有清香純正、甘潤爽口、回味悠長的獨特風味，是中國清香型白酒的典型代表之一。

　　金華酒是浙江金華所釀造的優質黃酒的總稱，以金華產的優質糯米為原料，以雙曲複式發酵的獨特技藝釀造而成。

　　金華酒的釀造技藝經歷了三個發展階段。春秋戰國時期出現的「白醪酒」，改進了早期黃酒的曲蘗釀造技藝，採用糯米為原料，以白蓼曲為糖化發酵劑，並首創潑清、沉濾等工藝，提高了酒汁，延長了儲存期。

　　唐宋時期，金華酒的白曲釀造技藝日趨完備，其中的「瀫溪春」和「錯認水」以酒色清純，甘醇似飴，成為白曲黃酒的名品。唐代官府在此都設釀醞局，官酒坊之酒專供公務飲用，「金華府酒」之名，即始於此。

　　金華酒在實踐中探索出白曲與紅曲聯合使用的優選技藝，使釀造的壽生酒兼具白麴酒之鮮、香和紅麴酒之色、味，在元代被官府選定為黃酒釀造的「標準法」並加以推廣，極

大地提高了中國黃酒的釀造工藝水平，從此各地黃酒發展趨快，金華酒業亦更為興旺。。

明清時期，金華酒形成了包括壽生酒、三白酒、白字酒、桑落酒、頂陳酒、花麴酒、甘生酒等不同系列和諸多品牌。

金華府酒是一種以精白糯米做原料，兼用紅曲、麥曲為糖化發酵劑，採用「餵飯法」分缸釀造而成的半乾型黃酒，其色金黃鮮亮，味香醇厚，過口爽適，既有紅麴酒之色、味，又有麥麴酒之鮮、醇，聲譽不亞於紹興加飯酒，同列為中國酒文化之萃。

閱讀連結

酒是人類生活中的主要飲料之一。中國製酒源遠流長，品種繁多，名酒薈萃，享譽中外。酒滲透於整個中華五千年的文明史中，酒文化是中華民族飲食文化的一個重要組成部分。

自從酒出現之後，作為一種物質文化，酒的形態多種多樣，其發展歷程與經濟發展史同步，透過跟蹤研究和總結工作，對傳統工藝進行改進，從作坊式操作到工業化生產，從肩挑背扛到半機械作業，從口授心傳、靈活掌握到有文字資料傳授。這些都使酒工業不斷得到發展與創新，提高了生產技術水平和產品質量，後世應繼承和發展這份寶貴民族特產，弘揚中華民族優秀酒文化，使中國酒業發揚光大。

國家圖書館出版品預行編目（CIP）資料

酒香千年：釀酒遺址與傳統名酒 / 董勝 編著 . -- 第一版 .
-- 臺北市：崧燁文化 , 2020.03
　　面；　公分
POD 版

ISBN 978-986-516-170-5(平裝)

1. 酒 2. 製酒 3. 中國

463.81　　　　　　　　　　　108018858

書　　名：酒香千年：釀酒遺址與傳統名酒
作　　者：董勝 編著
發 行 人：黃振庭
出 版 者：崧燁文化事業有限公司
發 行 者：崧燁文化事業有限公司
E - m a i l：sonbookservice@gmail.com
粉絲頁：　　　　　　網址：
地　　址：台北市中正區重慶南路一段六十一號八樓 815 室
8F.-815, No.61, Sec. 1, Chongqing S. Rd., Zhongzheng
Dist., Taipei City 100, Taiwan (R.O.C.)
電　　話：(02)2370-3310 傳　真：(02) 2388-1990
總 經 銷：紅螞蟻圖書有限公司
地　　址: 台北市內湖區舊宗路二段 121 巷 19 號
電　　話:02-2795-3656 傳真:02-2795-4100　　網址：
印　　刷：京峯彩色印刷有限公司（京峰數位）
定　　價：200 元
發行日期：2020 年 03 月第一版
◎ 本書以 POD 印製發行